孩子也能懂的诺贝尔奖

吃进肚子里的诺贝尔奖

柠檬夸克 / 文

格子工作室 / 图

CNS PUBLISHING & MEDIA | 湖南少年儿童出版社 HUNAN JUVENILE & CHILDREN'S PUBLISHING HOUSE

图书在版编目（CIP）数据

孩子也能懂的诺贝尔奖. 吃进肚子里的诺贝尔奖 / 柠檬夸克文；格子工作室图. — 长沙：湖南少年儿童出版社，2019.6（2025.1重印）

ISBN 978-7-5562-4208-5

Ⅰ. ①孩… Ⅱ. ①柠… ②格… Ⅲ. ①自然科学－青少年读物 Ⅳ. ①N49

中国版本图书馆CIP数据核字（2018）第251380号

CNS PUBLISHING & MEDIA 中南出版传媒

孩子也能懂的诺贝尔奖

Haizi Ye Neng Dong De Nuobeier Jiang

——吃进肚子里的诺贝尔奖

——Chi Jin Duzi li De Nuobeier Jiang

总 策 划：周　霞　　策划编辑：刘艳彬
责任编辑：万　伦　　封面设计：进　子
质量总监：阳　梅　　版式设计：进　子

出 版 人：胡　坚
出版发行：湖南少年儿童出版社　　地　　址：湖南省长沙市晚报大道 89 号
电　　话：0731-82196340（销售部）82196313（总编室）
传　　真：0731-82199308（销售部）82196330（综合管理部）
常年法律顾问：北京长安律师事务所长沙分所　张晓军律师

印　　刷：湖南立信彩印有限公司　　开　　本：710mm × 980mm　1/16
版　　次：2019 年 6 月第 1 版　　印　　次：2025 年 1 月第 12 次印刷
书　　号：ISBN 978-7-5562-4208-5　　印　　张：11
定　　价：39.80 元

目录

第1章 眼睛与眼镜：“看”出来的诺贝尔奖

提起“诺贝尔奖”，你会立刻想到高科技吧？其实，它并没有你想的那么“高冷”深奥，可能此时你正把诺贝尔奖的成果架在鼻子上还浑然不觉——猜猜看，是什么？

至少在600年前，就有人戴眼镜了。可是为什么那时有的人即便戴了眼镜，依然看不清楚呢？后来，瑞典医生阿尔瓦·古尔斯特兰德研究了眼睛的结构，弄清了“看不清”的原因，他告诉了我们，眼镜到底该怎么戴。

看

你能“摸”到的“世界”，就是你周围一臂的距离。

你能“闻”到的“世界”，也就是周围十多米最多几十米的距离。

你能“听”到的“世界”，天上打雷或许就是最远的了吧？距你也就几千米。

如果不借助望远镜，你能“看”到的“世界”，仙女座星系恐怕是最远的，距离地球220万光年！

哇！由此你们是不是觉得眼睛对我们非常重要？

视觉是人和动物最重要的感觉。我们所认识的这个丰富多彩的世界，至少有80%的信息是用眼睛获得的。

看不清

很遗憾，不是每个人都能看得清楚。

对有些人来说，想看清楚的话，就要戴眼镜。

眼镜到底是谁发明的？现在已无从考证。在欧洲，最早的眼镜出现在意大利。1352年，意大利画家托马索绘制的《普罗旺斯的休米》（*Hugh of Provence*）是世界上第一幅画有戴眼镜的人的画像。而在我国，早在宋朝（960—1279）就已经出现了眼镜的雏形。

然而，早期的眼镜更像是贵族们时髦的装饰品，并不能完全解决人们看不清事物的问题。而且有些人戴了眼镜，不但依旧看不清事物，还感觉头晕和头疼。之所以会发生这样的状况，是因为当时的人们并不了解眼睛，也搞不清眼镜的工作原理，当然就不知道怎样利用眼镜帮使用者呈现一个清晰完美的世界。

看不清？为什么有的人能看清很远的东西，有的人就是看不清？要解释这个问题，先得了解我们的眼睛。平时我们用眼睛去看周围的事物，现在不妨来仔细看看它。

阿尔瓦·古尔斯特兰德

"看"眼睛

直到19世纪末，一个叫阿尔瓦·古尔斯特兰德的瑞典人终于解开了眼睛与眼镜的奥秘。

古尔斯特兰德生于1862年，他的父亲是瑞典一位有名的眼科医生。古尔斯特兰德从小耳濡目染，立志做一名眼科医生。1880年，他考上了著名的乌普萨拉大学。这是北欧建校最早的一所大学，历史悠久，享誉国际，包括诺贝尔本人以及多位诺贝尔奖得主都曾经就读或任教于此。

古尔斯特兰德进入的是医学院，攻读眼科学硕士，随后又到了瑞典皇家卡罗琳学院攻读博士。

在读博士的这段时间里，古尔斯特兰德把全副精力投入对眼睛的研究中，他首先攻克的难题是散光。散光是一种先天疾病，有些人一生下来就看不清楚东西，并且戴什么样的眼镜都没用！经过仔细研究，古尔斯特兰德发现，散光病人的眼睛有先天缺陷，他们的眼角膜表面不平整，或者眼角膜的厚度不均匀，有些地方长得厚，有些地方长得薄，这些缺陷都会导致人们看不清事物。

和一般的近视、远视一样，散光病人也需要佩戴眼镜来矫正视力。不过当时的眼镜并不适合这类人群。古尔斯特兰德根据自己的研究，提出了改进眼镜的形状和厚度的方法，生产出适合散光病人佩戴的眼镜。

博士毕业后，古尔斯特兰德继续从事对眼睛的研究。经过 20 多年执着的研究，他搞清了眼睛成像的原理。

我们的眼睛由结膜、角膜、瞳孔、晶状体、玻璃体、视网膜、视神经等组成，其中瞳孔——黑眼球中间最黑的部分，是光线进入眼睛的唯一通道。

光线进入眼睛后，先后经过角膜、晶状体和玻璃体，到达视网膜，并且在视网膜上形成远处景物的图像。视网膜上的细胞会分析这些图像，并通过视神经将图像传给大脑。经过这一系列过程我们就能看到远处的物体了。

如果光线无法在视网膜上清晰成像，我们就无法看清楚物体。这时，大脑就会发出信号，指挥眼球进行调整，使物体的像逐渐清晰。这个过

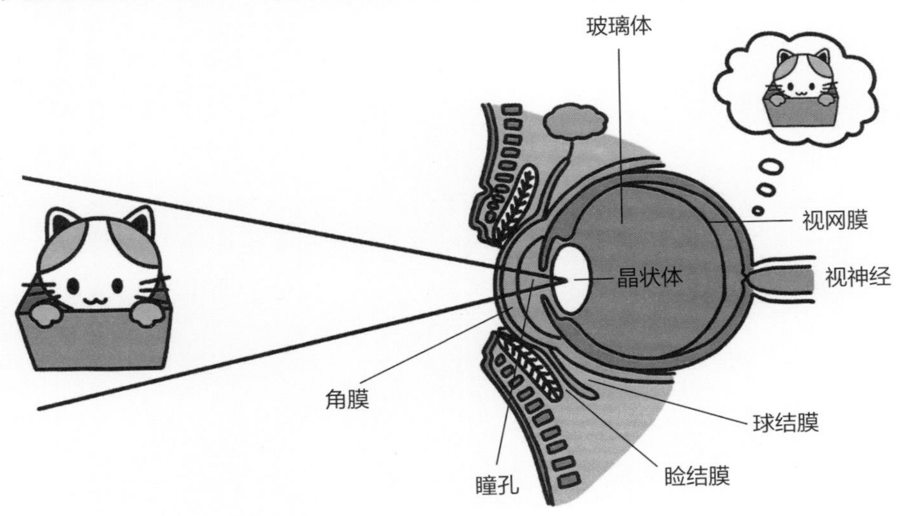

程与照相机的调焦过程很相似。在正常情况下，我们能清楚地看到 25 厘米远的物体，25 厘米也因此称为我们的“明视距离”。如果我们要看的物体的距离大于或小于 25 厘米，眼睛就要开始“调焦”了。

眼睛的“调焦”是由眼部的肌肉完成的。如果肌肉长时间保持紧张状态，它就会很疲劳，使得调节能力下降。有时候，我们长时间聚精会神地盯着某个东西看，再转眼看其他东西时，会觉得眼睛发花，看不清，就是这个原因。这时候，要么放松地看看远处，要么闭眼休息一会儿，视力很快就能恢复。可要是长此以往，就会导致眼球变形，彻底看不清某些距离外的物体，也很难矫正回来。近视眼或者远视眼的“帽子”就这样被我们给戴上了。

怎么办？想要看清楚的话，就只好佩戴眼镜了。眼睛没办法自己调节焦距，就只能请眼镜来帮忙。

好吧，既然它即将不请自来“蹬鼻子上脸”，或者已经不管不顾地“骑”在我们的鼻梁上，那就让我们摘下眼镜，认识一下它吧！

"看"眼镜

眼镜通常分为 3 种：近视眼镜、远视眼镜和散光眼镜。

如果你能看清楚近处的物体，但看不清楚远处的物体，那么你就是近视眼，需要佩戴近视眼镜。近视眼形成的原因是，眼球内光线太早相遇（物理学上把光线的相遇称为会聚），没有在视网膜上成像，而是在视网膜前面成像。所以眼睛近视的人要戴一种眼镜，让光线晚点儿遇上，刚好在视网膜上成像。中间薄、边缘厚的玻璃片，叫作凹透镜。凹透镜可以起到发散光线的作用。近视眼镜就是用凹透镜片做成的。

如果你能看清楚远处的物体，但看不清楚近处的物体，那么你就是远视眼，需要佩戴远视眼镜。远视眼形成的原因是，眼球内光线相遇太晚，成像点落在视网膜之后，也没在视网膜上成像。那么就得找一种镜片，让光线早点儿会聚。中间厚、边缘薄的玻璃片，叫作凸透镜。凸透镜的本事就是让光线会聚。远视眼镜就是用凸透镜片做的。除了制造远视眼镜外，凸透镜还经常被用来制造放大镜。

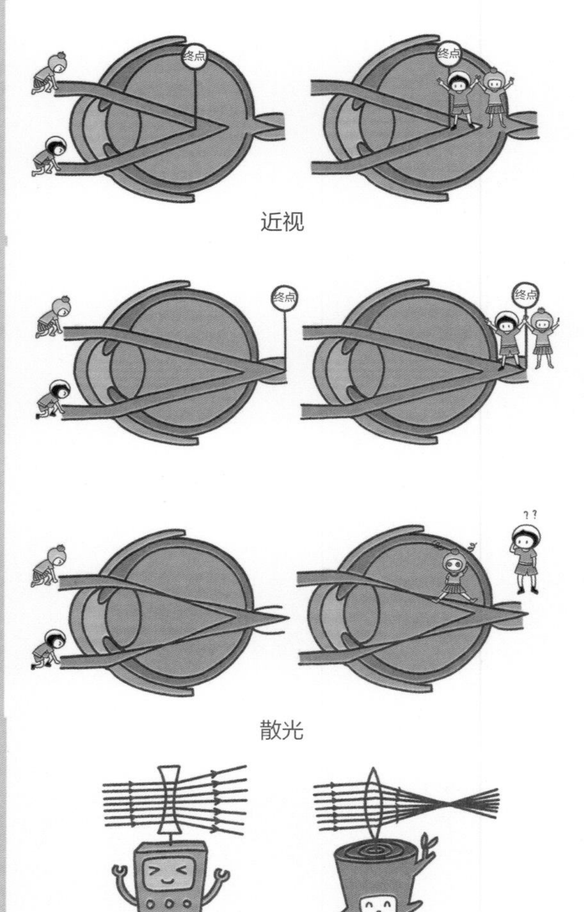

散光则是一种比较复杂的眼病，散光形成的原因是眼角膜的表面不平整，光线在眼内根本不会聚在一点上，所以散光的人看什么都是模模糊糊的一片。这就需要一种比较复杂的镜片，叫作柱镜，硬把光线会聚到一点，这个点还得是在视网膜上。值得一提的是，散光分有规则与不规则两类，不规则散光是不能用光学眼镜片矫正的。

在配眼镜时，我们常会说眼镜的度数是多少。这个“度数”是屈光度的简称，眼镜的度数越大，代表眼镜会聚或发散光的本事越强。当然，也就意味着佩戴眼镜的这双眼睛自身的调节能力越差。

看！各种眼镜

古尔斯特兰德的研究造福了每一双看不清事物的眼睛。自他之后，人们懂得了眼镜不是“万金油”，要根据每双眼睛的情况，制作不同的眼镜，还眼睛一个清晰的世界。

可以说，古尔斯特兰德的工作又开创了一个新的学科——眼睛屈光学。1911 年，为表彰他的贡献，古尔斯特兰德被授予诺贝尔生理学或医学奖。

现在，眼镜早就不只限于近视眼镜、远视眼镜和散光眼镜这几种了。各式各样的眼镜已架在人们的鼻子上。变色镜片、双光镜片、多焦点镜片让各种需求的眼睛看得更清楚、更舒服。轻巧的树脂镜片，由于透光性好、易于加工等优点，已经逐渐取代厚重的玻璃镜片，成为眼镜片的主要材料。

2012年4月，美国的谷歌公司推出了谷歌眼镜，虽然名为“眼镜”，不过它和视力矫正没有半点儿关系。

在这款看上去很像眼镜的产品中，有一个微型投影仪，投影仪发出的光直接射入眼睛。给人的感觉像是在我们面前有一个足够大的虚拟屏幕，可以显示各种数据和图片。这相当于我们随身携带了一个电脑屏幕。通过无线网络，我们可以在这个随身的屏幕上看到电脑屏幕上同步播放的任何东西。戴上这样一副眼镜，你可以一边走路，一边看电影、上网，甚至玩游戏，当然要在安全的环境下才行。

尽管有这么多先进的眼镜，可所有的眼镜都不如我们的眼睛。它最精密、最巧妙、最灵活，而且纯天然、无刺激、零压力，最可贵的是，免费！任何眼镜的矫正效果，都无法和健康的眼睛相比。所以一定要保护好你的眼睛，争取不戴眼镜。哦，谷歌眼镜除外。

延伸阅读

❶ 阿尔瓦·古尔斯特兰德（1862—1930），瑞典眼科医生，因为对眼睛的光学研究而获得 1911 年诺贝尔生理学或医学奖。

◆《普罗旺斯的休米》（*Hugh of Provence*）是 1352 年由意大利画家托马索绘制的，世界上最早出现框架眼镜的画作。

◆患近视的人看不清远处的东西，需要佩戴凹透镜。患远视的人看不清近处的东西，需要佩戴凸透镜。看什么都是模糊一片，把一个看成两个，这叫散光，有些散光患者可以通过戴一种更为复杂的眼镜来矫正。

第2章

维生素：每天都吃进肚子里的诺贝尔奖

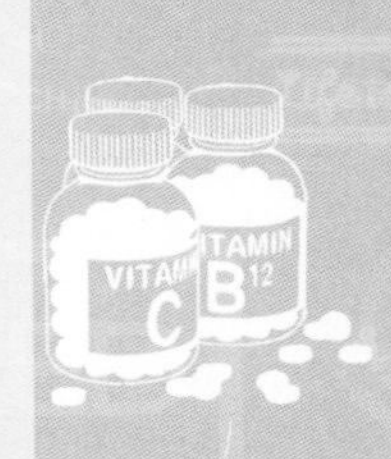

要说每天你都把大把的诺贝尔奖成果吃到肚子里，你信吗？——不骗你，一年 365 天，一顿饭不落。那就是维生素！

维生素是人体所必需的物质，可以帮助我们治疗很多疾病，维持身体健康。维生素是 19 世纪伟大的发现之一。它的发现，使得 8 位科学家先后在斯德哥尔摩获得了诺贝尔奖章。

克里斯蒂安·艾克曼

一个穷孩子的医生梦

我们的故事要从一个叫作克里斯蒂安·艾克曼的荷兰人讲起。艾克曼出生于 1858 年，他从小就立志当一名医生。不过在当时的荷兰，医生的收入很高，学医的费用也很高。艾克曼尽管愿望很强烈，但他没有钱，进不了医学院。

为了实现自己的理想，年少的艾克曼来了个“曲线圆梦”。他先是报名参军，然后进入阿姆斯特丹大学军医学院。因为已经有了军人身份，并且毕业后将作为军医服务于军队，这样他在军医学院的学费，就可以由荷兰政府买单了。1886年，艾克曼作为荷兰军队的一员，被派往印度尼西亚的爪哇岛。

荷兰位于欧洲西北部，面积仅相当于两个半北京。17世纪的荷兰曾因航海和贸易称霸一时。当时荷兰的商船数量，超过了欧洲其他所有国家商船数量的总和，使其享有“海上马车夫”的美誉。依靠海上运输货物，荷兰人积累了巨额财富，被马克思称为“海上第一强国”。在这个时期，悬挂荷兰三色旗帜的船只驶往世界各地，建立殖民地和贸易据点。我们熟悉的郑成功收复台湾的故事，就发生在这个时期——从1624年到1662年，台湾被荷兰殖民者占据38年。而当艾克曼千里迢迢远赴东南亚的时候，荷兰的国运已经在走下坡路，殖民势力开始瓦解。然而，爪哇岛依然是荷兰的殖民地，荷兰在这里维持着相当数量的驻军。

远赴爪哇岛

艾克曼的使命并不是挽救荷兰日渐衰落的殖民地统治，而是去进行一项医学调查。驻扎在爪哇岛的荷兰士兵普遍都有一种病——脚气。这种脚气，和我们常说的作为皮肤病的脚气完全不同。它是个能要命的病，会令人肌肉萎缩、腿脚麻痹、身体疲倦、精神萎靡，甚至失去知觉。如果不及时治疗，还会导致心力衰竭直至死亡！在当时，这种病严重影响了荷兰军队的战斗力。

令人费解的是，在欧洲并没有这种奇怪的疾病，那些荷兰士兵也是到了印尼才开始染病的。因而荷兰的医生对这种疾病束手无策。荷兰政府不得不组织专家研究如何治疗脚气，领衔的是当时著名的微生物学家佩克尔哈林，而艾克曼正是专家中的一员。

两百多年前，同是荷兰科学家的列文虎克发现了细菌。在艾克曼的

时代，人们对细菌已经有了较为丰富的认识。所谓微生物学家，那时候就是专门研究各种细菌的学者。

佩克尔哈林轻车熟路地推断出，脚气病的元凶是一种人类未知的细菌。经过 8 个月的工作，尽管这种未知的细菌还没有找到，不过很多实验数据都证实了佩克尔哈林的猜想。在闷热难耐的爪哇岛，佩克尔哈林乐观地认为自己此行的主要任务已告完成，至于寻找细菌的活儿，大可让年轻人来“锻炼锻炼”。于是他把实验室丢给了艾克曼，自己回荷兰去了。

难题 10 年未破

不过，艾克曼的工作可没有想象中那么顺利。他接手实验室后，第一步要做的就是观察这种细菌是如何传染疾病的。他把患病动物身上提取的细菌样本注射到健康的狗身体里，想观察传染和发病的过程。结果，狗狗照样欢蹦乱跳，没有被传染。看来，“汪星人”不怕这种细菌呀，那咱们换成兔子。谁知“三瓣嘴”也照常活动，那就再换，换成鸡。

鸡倒下了！奇怪的事也跟着来了：无论是否被注射了细菌，所有的鸡齐刷刷地染病了。难道是实验出了纰漏，导致病菌污染了整个鸡舍？正当艾克曼准备给鸡舍来个大扫除的时候，所有的鸡又都莫名其妙地康复了。

为什么会这样？艾克曼百思不得其解。不过很快他的助手给他提供了一条重要线索：原来为了节约成本，助手会经常到隔壁军队的食堂弄剩饭来喂给小鸡吃。后来，食堂来了一位抠门的厨师，连剩饭都不让人拿。没办法，他只好重新给鸡吃饲料。而小鸡吃剩饭的时间和它们集体发病的时间刚好吻合。

艾克曼得出结论：致病的细菌存在于食堂的剩饭中，而小鸡的饲料，也就是麸皮中含有一种可以杀死细菌的物质。很快，他就在麸皮中发现这种物质，并且取名为“脚气病病菌解毒剂”。不过，他要寻找的细菌还是没有找到。

换一种思路

来的时候，艾克曼一定不曾料到，自己从冬暖夏凉的荷兰，来到这个终年炎热潮湿的东南亚小岛，一待就是10年！1896年，艾克曼患上了疟疾，无法继续工作，只能回荷兰养病。

这么一大群专家，找了10年都没找到细菌，意味着什么？继任者格林斯在仔细地研究了艾克曼的工作之后，另辟蹊径，换了一种全新的破解思路，提出了一个大胆的猜想：也许根本就没有什么致病菌，缺少了什么物质，才是导致患病的原因。而缺少的正是艾克曼提取出的那种物质，也就是艾克曼所说的“脚气病病菌解毒剂”。他把他的观点写信告诉艾克曼，很快得到了艾克曼的认同。遗憾的是，走到成功之门跟前的格林斯止步于此，没能乘胜追击破解所有的谜团。

弗雷德里克·霍普金斯

打开维生素家族的大门

探索未知的脚步不会就此终结，揭开谜底的接力棒又陆续传到好几位科学家手中。最终，一个名叫卡西米尔·冯克的波兰科学家将这种物质提纯出来，原来所谓“脚气病病菌解毒剂”，其实就是维生素家族中最重要的成员之一——维生素 B_1。

冯克的贡献还不只如此，他总结了前人的实验结果，正式提出了维生素的理论。他认为，食物中有4种物质是人体所必需的，这4种物质可以分别用于防治夜盲症、脚气病、坏血病和佝偻病。他把这4种物质命名为“维持生命的胺素”，英文是vitamin，直接音译成中文，叫“维他命”，就是我们说的维生素。对应于这4种疾病，4种维生素分别被命名为维生素A、维生素B、维生素C和维生素D。

差不多同一时期，英国人弗雷德里克·霍普金斯在研究食物的过程中，也发现了一些能促进人体生长的维生素，这就是后来的维生素A。

1929年，艾克曼和霍普金斯因发现了维生素而共同获得了诺贝尔生理学或医学奖。这是在维生素领域的第一个诺贝尔奖。令人惋惜的是，第一个把维生素提炼出来并命名的冯克竟被遗忘在获奖名单之外。

此后，维生素的发现进入一个高峰，陆陆续续有数十种维生素被发现。很多由于维生素缺乏而产生的疾病也陆续被攻克。

终点
加油！

冯克
??
霍普金斯
艾克曼
2
1
3

在柠檬里发现的维生素

维生素 B_1 并不是人们认识的第一种维生素。在所有的维生素中，最早被发现的是维生素 C——历史总是有某些惊人的巧合——它的发现和维生素 B_1 一样，也和航海有着密不可分的关联。

15 世纪开始，欧洲进入大航海时代。哥伦布、达·伽马、麦哲伦等一批探险家驾驶着木帆船，穿越了大西洋、印度洋、太平洋，开辟新的航路，发现新的大陆。地球两端被联系起来，东、西方之间的文化、贸易交流越来越频繁，一艘艘远洋船的起航也为西方称霸世界的野心奠定了基础。

辽阔的海洋，带领人们航向未知的世界。滚滚波涛中，也潜藏着难以预测的巨大风险。大海之上，远洋航行的水手非常容易得一种坏血病。由于不知道如何治疗，这种病的死亡率非常高。1498 年 5 月，葡萄牙人达·伽马第一次绕过非洲，到达印度。他出发时带了 160 个船员，到达印度时，已有 100 多人死于坏血病。1577 年，一艘西班牙帆船被发现漂流在马尾藻海的海面上，船上所有的船员都死于坏血病。不夸张地说，坏血病是当时远洋海员的第一杀手。号称能治疗坏血病的药物一时间层出不穷、五花八门，可没有人知道到底哪个能救人一命。

1747 年，英国人詹姆斯·林德做了一个著名的实验。他找来 12 个患坏血病的海员，除了正常的食物供应外，他给不同的人使用不同的药方，

看看哪种药方更管用。在他的药方中，包括柠檬、苹果、醋、海水……最终他发现，吃柠檬的那个海员康复得最快。

至此，人们认识到，柠檬里有一种物质，可以治疗坏血病。由于柠檬是酸的，所以把这种物质称为抗坏血酸。不过在当时的欧洲，柠檬是一种很贵的水果，可不是每一个水手都吃得起的，坏血病仍然频发。

1912年，冯克把抗坏血酸纳入维生素的序列，并正式命名为维生素C，由此迎来了维生素C的春天。

1928年，匈牙利生物化学家圣捷尔吉·阿尔伯特和前面提到的霍普金斯一起提炼出了纯净的维生素C。他因此获得1937年诺贝尔生理学或医学奖。

同一年，另一个英国人沃尔特·霍沃思用人工方法制造出维生素C，他因此获得了1937年诺贝尔化学奖。

1933年，瑞士人塔德乌什·赖希施泰因发明了大规模制造维生素C的方法。从此，维生素C被制成了药片，可以广泛供给需要补充它的人。

维生素该怎么吃?

大航海时代的欧洲之所以会出现大规模的坏血病，主要是因为远洋轮船所能携带的食品种类有限，且西方人饮食以肉干、面包、香肠为主，船员们吃不到蔬菜、水果，身体长期补充不到维生素 C。在同一时期，我国的郑和也曾经率领船队进行远洋航行，与西方饮食习惯不同，郑和的船队携带了大量的蔬菜、水果，所以并没有暴发坏血病。

除了治疗坏血病外，维生素 C 还可以抑制肿瘤的生长，缓解铅、汞、砷等重金属对人体的影响，清除体内自由基，可以说是守护健康的忠诚卫士。

平时多吃蔬菜、水果，人体就可以获得充足的维生素 C 供给。在正常情况下，我们根本不需要靠吃药片来补充维生素 C。维生素 C 很怕高温，过度烹饪会破坏蔬菜中的维生素 C，所以如果要补充维生素 C，最好多吃生的蔬菜和水果。另外，多吃一些粗粮和黄颜色的蔬果，可以帮助我们补充维生素 B。自然界中只有很少的食物含有维生素 D，通过晒太阳可以

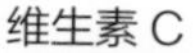

促进维生素 D 在人体内的合成。

维生素 B 和维生素 C 都是可以溶于水的，当我们吃进它们的量超人体所需时，多余的维生素 B 和维生素 C 便会从尿中排出。而维生素 A 和维生素 D 都是不能溶解于水的。维生素 A 能溶解于油脂，所以吃胡萝卜的时候，用油炒着吃，比生吃更科学。对于维生素 A 和维生素 D，人体既不能缺乏，也不能过量摄入，过量会有中毒的风险。

延伸阅读

❶ 克里斯蒂安·艾克曼（1858—1930），荷兰医生、病理学家，因发现维生素 B 而获得 1929 年诺贝尔生理学或医学奖。

❷ 弗雷德里克·霍普金斯（1861—1947），英国生物化学家，因发现维生素 A 而获得 1929 年诺贝尔生理学或医学奖。

❸ 圣捷尔吉·阿尔伯特（1893—1986），匈牙利生物化学家，因对维生素 C 的研究而获得了 1937 年诺贝尔生理学或医学奖。

❹ 沃尔特·霍沃思（1883—1950），英国化学家，因对维生素 C 的研究而获得了 1937 年诺贝尔化学奖。

◆丹麦人达姆和美国人多伊西因发现维生素 K 及其化学性质而获得 1943 年诺贝尔生理学或医学奖。

第3章

X 射线：这个诺贝尔奖带出了一串

1895 年的一天，德国物理学家伦琴的夫人拍了一张令人吃惊的照片。她拍照时用到的不是普通的光线，而是她丈夫发现的一种全新射线——X 射线。照片骇人地呈现了人的手骨，伦琴夫人惊叫：“我看到了自己死后的样子！”然后就昏了过去。

X 射线的发现促使多个领域的发现捷报频传，一连串获得诺贝尔奖的研究成果均借助了 X 射线的功能。伦琴发现的射线为什么叫 X 射线？用它拍照为什么能看到人的骨骼？为什么说 X 射线正邪两立，令人爱恨交织？

差点儿就没有诺贝尔奖了

1901 年 12 月 10 日，诺贝尔逝世 5 周年的日子，在瑞典首都斯德哥尔摩，举行了首届诺贝尔奖颁奖典礼。

自此之后，除了个别年份，比如经济大萧条和世界大战等缘故没有颁发，诺贝尔奖一直延续至今，每年 10 月结果的揭晓和 12 月的颁奖，斯德哥尔摩都会成为全球目光的焦点。尽管 C&C 大奖（日本）、菲尔兹奖等一些国际的类似奖项，一直心怀赶超诺贝尔奖的壮志，可时至今日，菲尔兹奖、图灵奖、格鲁伯奖和泰勒奖在被人介绍时，仍分别以数学界、计算机界、天文学界或环境学界的诺贝尔奖作为赞誉之词，这样看来，这些奖项比诺贝尔奖还是低了一级。诺贝尔奖作为全球文化、科学领域至尊荣誉大奖的地位，至今仍难以被撼动。

然而你不知道吧？世上差点儿就没有诺贝尔奖了！

很多人都知道，诺贝尔奖源于诺贝尔的遗嘱：将全部财产的 94%，也就是 3150 万瑞典克朗捐出，成立诺贝尔基金会。诺贝尔在遗嘱中写道：

“这些基金的利息，每年以奖金的形式分发给那些在前一年中，对人类做出最大贡献的人。”

好呀！多好的心愿啊！可这样的好事差点儿就没办成。诺贝尔的遗嘱，尽管在巴黎的瑞典人俱乐部当着4位见证人的面签字生效，可实际上，漏洞百出、危机重重。首先，诺贝尔一生未婚，无儿无女，死后各方亲属面对巨额遗产虎视眈眈，遗嘱一经宣读，亲友们就一片质疑和争议——“啥？俺叔疯了？老诺家的钱要给外人？不成！”哎，家属争遗产也不稀奇，大不了对簿公堂呗。令人无语的是，诺贝尔生于瑞典，但9岁后的他，在俄国、法国和意大利都居住过很长时间。他的遗嘱该归哪国法律管辖还闹不清呢！还有，诺贝尔遗嘱中说的“基金会”直到他撒手人寰之日，还连个“皮包公司”都不是，根本就没成立！谁替他打理巨额遗产呢？他老人家想得挺好，委托瑞典皇家科学院替他评选，可人家科学院还压根不知这是要闹哪样，就“天降大任”了。闹着闹着，事儿闹大了，闹到当时的瑞典国王那里了，他龙颜不悦，说：把瑞典的财富发给外国人？瞎胡闹！

第一个获得诺贝尔奖的人

不好，要坏！眼看诺贝尔遗嘱就要成为一张废纸。

晚年的诺贝尔虽然心脏虚弱，但眼光神准，选中的遗嘱执行者索尔曼忠诚可靠、办事得力。他将诺贝尔的侄子和瑞典国王一一搞定，组建诺贝尔基金会，并说服皇家科学院，历经 4 年的多方奔走、斡旋接洽，终于不负诺贝尔的重托，让诺贝尔奖登上历史舞台。

一共有6位获奖人共同领取了历史上第一届诺贝尔奖，他们分别是：

威廉·康拉德·伦琴　　获得诺贝尔物理学奖

雅可比·亨利克·范霍夫　　获得诺贝尔化学奖

埃米尔·阿道夫·冯·贝林　　获得诺贝尔生理学或医学奖

苏利·普吕多姆　　获得诺贝尔文学奖

让·亨利·杜南和弗雷德里克·帕西　　共同获得诺贝尔和平奖

这6个人是在同一年获奖的。只因为在宣布获奖名单的时候，主持人念出的第一个名字是伦琴，所以伦琴是历史上第一个获得诺贝尔奖的人。

现在，诺贝尔奖一旦揭晓，必定让书斋里默默研究的低调学者，一夜间成为镁光灯下的科学明星。而第一届诺贝尔奖颁发时，还没有日后那种席卷全球的名气和影响力，而且获奖前的伦琴已经是科学界的“大佬”，诺贝尔奖的第一顶桂冠颁给他，多少有点借伦琴的名气提升知名度的用意。

那么，伦琴是干吗的？

威廉·康拉德·伦琴

这是什么？——不知道

伦琴是一位著名的德国物理学家，曾在维尔茨堡大学工作。

1895 年的一个下午，伦琴照常来到实验室，继续阴极射线的实验研究。这在那时候是一个很热门的研究领域。实验室内一片漆黑，为了防止可见光和紫外线的干扰，放电管用黑纸裹得很严实。当他开启电源时，忽然发现1米开外的桌子上不可思议地出现了荧光！发光的是他为后续实验准备的一块用亚铂氰化钡材料做的荧光屏。

伦琴感到很奇怪。他移远了荧光屏，依然看到有荧光，而且随着放电的频率一闪一闪。他又取来不同的东西挡在放电管和荧光屏之间，发现有的能挡住一些，有的完全挡不住。他意识到这或许是一种从未遇到过的新射线，拥有极强的穿透力。一连6个星期，他把自己关在实验室里，投入全部精力研究这种射线，最终确认了自己邂逅的是人类不曾认识的一种全新射线。

它是什么？——不知道。知之为知之，不知为不知。伦琴心想：不知道就是不知道，尽管我发现了它，但我并不了解它。我得老老实实地承认，我真不知道。

在数学中，X代表未知数，所以伦琴把这种射线，命名为X射线。取名这件小事再次凸显了伦琴在处事上的严谨态度和在科学上的坦率。

为什么是他？

“科学史表明，在每一个重大发现背后，通常会体现成就和机遇之间存在的某一种特殊的联系。而许多不了解事实的人，可能会把这一特殊荣誉（指获奖）归功于机遇。但是只要深入了解诺贝尔独特的科学‘个性’，谁都会理解这一重大发现就应该归功于那些摆脱了任何偏见、将完美的实验艺术和极端严谨的态度结合在一起的研究者。”

“——不过是运气好，天上掉馅饼，偏偏落在他头上了。”也许有人会这么想。上面那段措辞平实又饱含敬意的文字，引自普鲁士科学院给伦琴的一封贺信。伦琴一向严谨细致，他的仪器很多是自制的，实验中处处亲力亲为，很少依靠助手。更令人尊敬的是，对实验结果，他不固执己见，更不持偏见和成见，只用事实说话。从这封信里我们可以看到，在看似偶然的发现中，无处不展现出他高超的实验技巧和一贯的严谨态度。

其实，X射线并非只“光顾”了伦琴的实验室。阴极射线是19世纪末物理学界的时髦的研究领域，研究它的人很多。美国宾夕法尼亚大学的一位研究人员，就曾在实验中“偶遇”X射线，连X射线拍的照片都有了。不过这位老兄却觉得这东西和他的工作无关，仅仅是个意外，照例把实验结果存档就拉倒了，根本没放在心上，遗憾地与“重大发现”失之交臂。

伦琴的故事，再次印证了那句话：机会只青睐有心人。

科学家手中的超级利器

发现 X 射线无疑是科技史上的伟大事件，为科学家的手中增添了一把超级利器，一连串的科学突破和技术发明，都是通过 X 射线才奏响了凯歌。有将近 20 项诺贝尔奖成果，是借助 X 射线才得以完成的。

X 射线的穿透力极强，在自然界中，能阻挡它的东西寥寥无几。利用它所向披靡的穿透力，科学家们探究的目光得以延伸到坚固致密的物体内部，“看”到肉眼难辨的细微结构。在极小处，探幽析微，洞悉隐藏在分子和原子里的真相；在至大处，瞭望无垠，探测宇宙深处的奥秘。

本套书中其他地方多次提到的某种晶体的空间结构，你有没有想过，天哪！这是怎么看见的？人类的眼睛可没这本事，就是孙悟空的火眼金睛也看不到。告诉你吧，是 X 射线帮我们看到的。

具体怎么看的呢？让 X 射线照射在晶体（或晶体粉末）上并拍照，拍出来的照片是一些光斑（或规则圆环，叫德拜环）。通过分析这些光斑或圆环的宽度、间距等数据，就可以准确地确定晶体的结构和分子的排列方式。

这厉害了！开辟了一片新天地，无须破坏晶体结构，就能看清楚分子在晶体里摆出的空间“八阵图”，并搞清楚这种晶体具有的特殊性质跟它的哪些结构特点有关。有了X射线，物理学这棵大树，迅速长出了“固体物理”这个蓬勃的新枝。

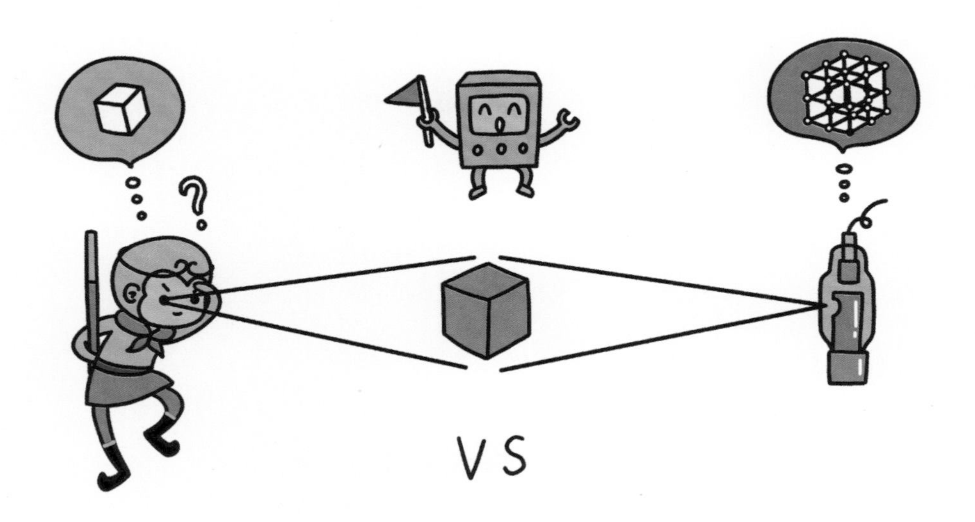

X射线不仅在物理学领域激起层层涟漪，也在其他学科收获累累硕果。生物学家也离不开X射线，他们利用X射线探查从生物中提取的物质的结构，青霉素、维生素 B_{12} 和胰岛素的空间结构就是这么被发现的。要是我们不知道这些物质的结构，就不可能人工合成它们，更不可能在工厂里把它们生产出来。可以说，没有X射线，很多药品都不会像现在这样便宜、好用。DNA双螺旋结构的发现，也是X射线充当了探路先锋。

天文学家也不浪费遥远天体放出的X射线，他们通过分析解读这些X射线蕴藏的信息来探索宇宙的奥秘。1949年以后，人类开始兴起了用X射线研究天文，一批X射线天文卫星陆续被送入太空，用以探测宇宙中的脉冲星、超新星和神秘的黑洞。其中就有一颗卫星以伦琴的名字命名，以此纪念他。

亨斯菲尔德

医生多了一双“透视眼”

有了X射线，医生也多了一双犀利的“眼睛”，医生在给病人诊断病情时不用开刀，就能了解人体的内部情况。

如果一个人的骨头折了，在没有X射线的时候，医生只能通过经验来寻找骨折位置。骨科医生那双强悍有力的大手在骨头折了的地方摸索，病人可就受罪了，太痛苦了！接不准、没治好的，还会落下终身残疾。

有了 X 射线，一切变得简单，只要拍摄一张 X 射线照片，医生就能清楚地看到骨折的位置和断面错位的情况，让治疗更有针对性，也更有效。

1967 年，英国人亨斯菲尔德发明了 CT 机。CT 的中文意思是断层扫描，听起来有点儿晕，不过它的原理并不像听起来那样复杂。简单地说，就是同时拍摄多组不同角度的 X 射线照片，然后用计算机对这些照片进行处理，最终得到病人体内的立体图像。X 射线透视只拍一张照片，CT 则要拍多张照片，不同角度、不同深度的，这样当然会看得更清楚，能够收集到更深层、更微小、更早期的病变。亨斯菲尔德因此获得了 1979 年诺贝尔生理学或医学奖，成为利用 X 射线获得诺贝尔奖的又一人。

左手红十字，右手骷髅头

任何事情都有两面。X射线披荆斩棘在科技史上竖起一块块丰碑的同时，也残忍地竖起了一块块墓碑。

X射线本身是杀人不见血的凶手！它虽然无色无味，照上去不疼不痒，却无声无息地改变生命体的基因，美国科学家马勒因为这个发现获得1946年的诺贝尔生理学或医学奖。然而早期研究X射线的先驱们并不了解，今天我们在教科书里看到的不少早期经典的X射线照片的拍摄者，

长期无防护地工作在 X 射线下，常常难逃截肢或罹患癌症的厄运。德国汉堡圣乔治医院的花园里静静矗立着一座纪念碑，那是为了缅怀和哀悼早期为了 X 射线献身的人们，前后共计镌刻了 350 人的名字！每个名字背后都有一个伤感、悲壮的故事。

亲爱的小朋友，当你在医院里或其他地方看到一个黄色三叶形标志时，不要靠近，应尽可能远离。这个标志说明这里有 X 射线或其他有害电离辐射。没有特别的需要，不要太过频繁地拍 X 光片。当然，一次医院 X 射线胸透检查的辐射剂量很小，所以偶尔拍一次 X 光片，也不要过度紧张！

X 射线一方面可以诊断病情，探测危险，防患于未然；另一方面，它又能亲手制造病痛和伤害。在它身上，真可谓正邪两立，令人爱恨交织。

❶ 威廉·康拉德·伦琴（1845—1923），德国物理学家，因发现 X 射线而获得 1901 年诺贝尔物理学奖，是世界上第一位获得诺贝尔奖的人。

❷ 彼得·德拜（1884—1966），荷兰裔美国物理学家、化学家，因利用 X 射线研究晶体结构及其他贡献而获得 1936 年诺贝尔化学奖。

❸ 赫尔曼·约瑟夫·马勒（1890—1967），美国遗传学家、教育家，因发现 X 射线诱导基因突变而获得 1946 年诺贝尔生理学或医学奖。

❹ 多萝西·克劳福特·霍奇金（1910—1994），英国化学家，因利用 X 射线分析出青霉素等物质的分子构造而获得 1964 年诺贝尔化学奖。

❺ 亨斯菲尔德（1919—2004），英国电机工程师、发明家，因发明 CT 机而获得 1979 年诺贝尔生理学或医学奖。

◆ X 射线超强的穿透力，成为测试晶体结构的“探针”。

◆ X 射线能引起生命体的基因突变，可以用来改良生物品种，防治虫害。

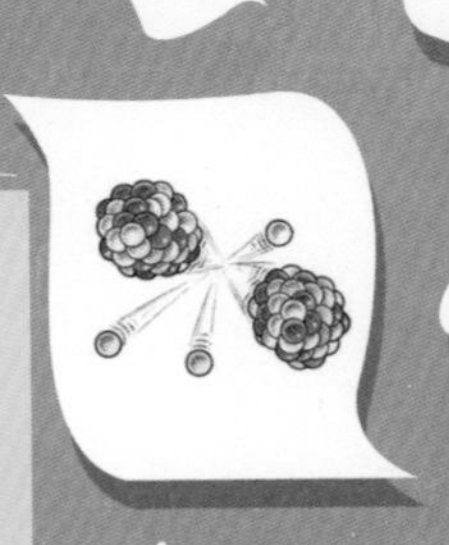

第4章 放射性：到底可怕不可怕

2011年3月11日，日本发生9.0级大地震。地震引起海啸，造成福岛第一核电站发生核泄漏事故，大量的核废物被排入太平洋，造成太平洋北部地区的放射性物质急剧增加。那段时间里，人们谈“放射”而色变，一会儿说什么东西不能吃了，一会儿又说应该吃点儿什么，一会儿又说吃那个不管用……

到底什么是放射性呢？放射性到底可怕不可怕？我们会不会受到放射性的伤害？

研究“夜明珠”的院士

世界上第一个发现放射性现象的，是法国科学院院士安东尼·亨利·贝克勒尔。他并不是一开始就研究放射性的。起初，人们还不知道有放射性这回事呢。贝克勒尔原本研究的是荧光物质。你在古装剧里可能看过一种神神秘秘、被小心珍藏的宝贝，称作夜明珠。实际上它就是一种由天然荧光物质形成的珠子。我们的贝克勒尔院士研究的就是这类东西。

也许你会觉得奇怪，这东西有什么好研究的，还用得着一个堂堂院士亲自出马？就是白天晒晒，晚上发光呗，有什么呀？不要忘了，贝克勒尔生活在100多年前的19世纪末期。那时候可不像现在，到了晚上家家灯火通明。尽管在1879年，爱迪生就发明了用碳丝作为灯丝的白炽灯泡，不过那种白炽灯只能点亮40个小时。而且碳丝表面有许多小孔，并不结实，所以生产困难，难以普及。

那时候大都使用煤油灯和蜡烛照明。想起一个熟悉的身影没有？——被誉为“提灯天使”的南丁格尔，她长留人心的经典形象，就是系着洁白的护士头巾，每天晚上提着煤油灯巡视伤病员。从画作中也能看出，她提的灯肯定是没多大光亮的，可那时候也只能用这类东西照明。因此，当时的很多科学家都在努力研究发光物质，希望找到新的照明工具。作为一种天然的发光物，荧光物质自然成为重点研究的对象。荧光物质有许多特殊的物理性质，这使得不少科学家对它怀有浓厚的兴趣。

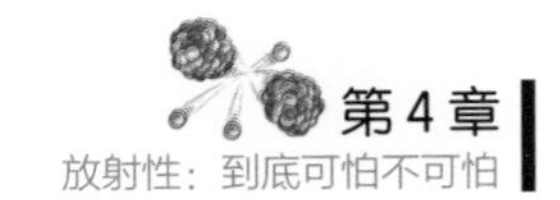

怎么会这样?

1896 年 2 月底，贝克勒尔继续他的老本行——荧光物质的研究。这次他准备了一块含有铀的东西，并打算拿它到太阳底下晒一晒。荧光物质不是都要在白天晒过，才会在黑暗中放光的吗？可偏偏老天爷不照顾，26 日、27 日连着两天阴天，没法晒铀。实验做不成了，贝克勒尔只好把实验用的铀和底片收好，打算等天晴了再说。为了防止底片意外曝光，细心的他特地用黑纸把底片包好，和铀一起放进了暗室的抽屉。

1898 年 3 月 2 日，法国科学院将举行例会，贝克勒尔原本计划在会上报告自己的实验。正当他为连日阴天焦急时，一种职业的敏感促使他决定：管他呢！先把照片洗出来看看再说。

奇迹发生了：底片洗出来，是黑的！他做梦也没想到，洗出来的底片和曝光过的一样，是黑的。什么情况？怎么会这样？

是曝光了吗？——不应该啊！为了隔绝那些不相干的光，不让光影响到底片，拆装、冲洗底片都是在暗室进行的。底片也包裹在黑纸里，不应该曝光啊！是什么光照射到底片上了呢？

如果是一个不善于捕捉问题、不太勤于思考的人，遇到这个情况，也许惊讶一番就过去了——重来呗。如果是一个不那么严谨细致的人，也许会耸耸肩："见鬼！买了个劣质底片。"把问题归咎于器材不合格。哦，如果是《还珠格格》里的紫薇，说不定会抓住某个人的胳膊，拼命地摇晃，睁大眼睛，一个劲儿地大声嚷："怎么会这样，怎么会这样？"

贝克勒尔恰恰不是那个轻易放过问题的人。面对这个始料未及的情况，贝克勒尔仔细地分析。他发现，敢情不是天气是阴还是晴的问题。在自然状态下存放的铀，本身就会不停地向外辐射射线，和是否被光照过没关系。而且这种射线与伦琴发现的X射线不一样，是一种新的射线。

像环环紧扣的连续剧一样，X射线发现后不到半年，人类科技史上的另一个伟大事件就这样闪亮登场了。这就是我们日后说的放射性现象。不过"放射性"这个词并不出自贝克勒尔之口。提出这个新名词的人，对这种人类还不了解的新现象，有着比贝克勒尔院士更深的认识。

玛丽亚·斯克沃多夫斯卡·居里

居里夫人和她的两次诺贝尔奖

说起居里夫人，可以说是家喻户晓：都知道她是了不起的女科学家；都知道她为科学献身的故事；都知道她发现了新元素镭和钋；都知道她拳拳的爱国心。可是很少有人知道，她对科学最大的贡献，竟然是关于放射性的研究。不是发现镭和钋？对不起！准确地说，那只算是放射性研究的“副产品”。

贝克勒尔发现的那个“新情况”，引起了居里夫人极大的兴趣，她决定也来研究一下。那时候，居里夫人还很年轻，不到30岁，她的研究很快就取得了成果：铀放出射线这件事，只和铀的质量有关，跟周围的环境、温度、光照什么的统统无关。这给出一个强烈的暗示：放出射线是铀本身的一种性质。很快，居里夫人又发现，另外一种叫“钍”的元素也会放出射线，而且射线的性质和铀辐射的射线相同。

据此，居里夫人相信，这种辐射应该是自然界中普遍存在的一种现象，她把这种现象命名为“放射性现象”，把铀、钍等具有这种性质的物质叫作“放射性物质”。“放射性”这个词由此诞生！

到了1903年，贝克勒尔和居里夫妇因为“放射性的发现和研究”分享第三届诺贝尔物理学奖时，据说贝克勒尔为此有些闷闷不乐，觉得放射性是他发现的，那两个“小年轻”不过是在他的发现上鼓捣鼓捣，就跟他一起得奖，真堵心！说句公道话，贝克勒尔院士，您别不痛快！确实是您先发现的，可您只把它当成是铀的特性。而居里夫妇告诉我们，这种辐射是自然界很多物质都有的。都是发现，可也有大小之分！科学，比的就是谁的发现能揭示自然界更普遍、更深刻的规律。要不怎么说牛顿的万有引力定律和运动学三定律、爱因斯坦的相对论，是大神级的呢？

话扯远了。到这一步，居里夫人的工作成果已经足以为她赢得诺贝尔奖，不过她并不满足，像一个不知疲倦的求索者，她要找到更多的放射性物质。为此，她把实验的对象扩展到各种材料和矿石。没过多久，她发现了一种沥青铀矿的放射性比铀和钍的大得多。她意识到，一种放射性相当强的未知物质，就藏在这种矿物里，一定得把它找出来！

于是，我们熟悉的故事上演了。居里夫妇废寝忘食、夜以继日地工作，从成吨的矿物中提炼、寻找新的元素。终于在经历了无数辛苦之后，1898 年 7 月，他们发现了一种新的放射性元素。为了纪念自己的祖国波兰，居里夫人把这种元素命名为“钋”。同年 12 月，另外一种放射性元素也被发现，那就是“镭”。这一成就距放射性的发现，仅仅间隔 2 年！

钋和镭的发现，进一步证明了居里夫人的推测，放射性现象是一种自然界中普遍存在的现象，并不是某一种物质所特有的。

由于发现了放射性现象，居里夫人获得了 1903 年诺贝尔物理学奖。

由于发现了放射性元素钋和镭，居里夫人又获得了 1911 年诺贝尔化学奖，成为历史上第一个两次获诺贝尔奖的科学家。

揭秘放射性

讲了半天故事，到底什么是放射性现象呢？

在物理学研究的范畴，物质是由分子构成的，分子由原子构成，原子又是由原子核和电子构成的。放射性现象就是原子核内部发生变化而产生的一种现象。稳定的原子核是不会发生放射性现象的。不稳定的原子核，才会发生放射性现象。

不稳定的原子核，之所以说它“不稳定”，是因为它不会一直“做自己”，会变成另一种原子核，并在这个过程中释放出射线。

最常见的具有放射性的物质是铀。居里夫妇发现的钋和镭，也有放射性。在福岛事故中释放出来的放射性物质主要是碘 -131 和铯 -137，这些都是具有放射性的原子核。

到目前为止，科学家一共发现超过 3300 种原子核。其中没有放射性的原子核只有不到 300 种，而其他的都是放射性原子核。拿较为常见的碳元素来说，它共有 15 种原子核，其中 13 种是放射性原子核。放射性原子核的种类很多，可天然存在的数量并不多，地球上大部分的天然原子核都是稳定的，没有放射性。

伤人不见血

万幸，地球上具有放射性的原子核数量不多！要不，我们活不到今天。

放射性也是隐形的“杀手”，无影无踪，伤人不见血。而且它害死了让它扬名世界的那几个人。贝克勒尔、居里夫妇，还有居里夫妇的大女儿和女婿，他们长期在没有防护的情况下研究放射性现象，最终死于放射性疾病。放射性射线是诱发癌症的原因之一，放射性射线会破坏细胞内的物质，引起细胞变异，甚至直接杀死细胞。不幸的是，等人们认识到这些，悲剧已经发生了。

1992 年，山西忻州的一位普通市民在下班途中，无意中捡到忻州市科委遗失的钴—60 放射源并拿回家中。不料，放射性物质的射线如猛虎下山，不到一个小时，该市民就开始头痛、呕吐。他的妻子、父亲、哥哥也没能逃脱它的魔爪。暗箭难防，在送往医院救治的过程中，又有多人遭受辐射。最终这个小小的金属块，夺走 3 条命，共计 142 人受到照射！

也不用过度紧张！用不着警惕地扫视周围，觉得大敌环绕，看什么都怀疑有放射性。在生活中，我们所能接触到的放射性物质十分有限。我们日常能接触到的危害最大的放射性物质就是氡。氡是一种气体，它隐身于花岗岩、大理石、水泥等一些建筑材料中，尤其是一些天然石材中，氡的含量更高。通常，人体所受到的放射性辐射的一半来自氡。氡发出的射线被认为是除吸烟外诱发肺癌的罪魁。

前面说的是自然界中的放射性物质，除此之外，还有人工放射源。一般来说，存在人工放射源的地方，都会有明显的标志。这些标志警示我们：此地有较强的放射性或X射线，它们统称为电离辐射，对人有害。一旦看见类似这种标志，二话不说——闪！

一把双刃剑

凡事都要分两面看。巨大的危险，常常也意味着超凡的“能量”。和X射线一样，放射性这个“杀手”也有良心发现的时候，会做点儿好事。科学家利用放射性现象也解决了不少难题。

比如美国化学家威拉得·弗兰克·利比发现，化石中的放射性原子核碳-14的含量和化石的年代有关，可以根据化石中碳-14的数量来判

威拉得·弗兰克·利比

定化石的年代。这可是个了不起的发现，对考古学家、古生物学家来说意义重大！利比因为这个发现，获得了1960年诺贝尔化学奖。

和X射线一样，放射也能担负救死扶伤的重任，“屠刀”变身手术刀。医生利用 γ 射线（放射性核素放出的一种射线）代替传统的手术刀，在切除人体内的肿瘤时，精准高效，还能减少外科手术对身体的损害。

除了这些，农业专家还利用放射性物质钴—60进行育种和杀虫。连我们常见的烟雾报警器都是利用放射性原理制造的。没想到吧？惯常制造灾难的放射性，竟然也能预防灾难发生！

延伸阅读

❶ 安东尼·亨利·贝克勒尔（1852—1908），法国科学家，因发现天然放射性现象而获得 1903 年诺贝尔物理学奖。

❷ 玛丽亚·斯克沃多夫斯卡·居里（1867—1934），波兰裔法国物理学家、化学家，因研究天然放射性现象而获得 1903 年诺贝尔物理学奖，因发现了钋和镭而获得 1911 年诺贝尔化学奖，是第一个获得两次诺贝尔奖的科学家。

❸ 皮埃尔·居里（1859—1906），法国物理学家，因研究天然放射性现象而获得 1903 年诺贝尔物理学奖。

❹ 威拉得·弗兰克·利比（1908—1980），美国化学家，因发现利用碳 –14 测定年代的方法而获得 1960 年诺贝尔化学奖。

延伸阅读

◆弗罗伦斯·南丁格尔（1820—1910），英国人。她是世界上第一位真正的女护士，把护理从一种非专业的“献爱心”，变成一种需要专业技能和培训的正式职业，开创了现代护理事业。

◆早期的照相底片就是一块玻璃，上面涂有感光材料，可以记录光信息。当光照射底片时，在光的作用下，底片上的化学物质会发生化学反应，从而把光信息记录下来，这个过程叫作曝光。

第5章

血型：让外科手术不再是鬼门关

输血是医院里一种常见的治疗手段。然而，早期输血治疗经常会出现接受输血的人死亡的事件！当时的人们无法理解。

奥地利裔医生兰德斯坦纳发现人的血液有不同类型，主要有A型、B型、O型和AB型。兰德斯坦纳是怎么发现血型的？除了这4种，还有其他血型吗？为什么会有不同的血型呢？血型的秘密隐藏在血液中的红细胞中……

不是开玩笑，拿命换来的

现在，几乎人人都很熟悉血型这回事。然而，除了到医院验血的时候，例行公事似的要帮你查一下血型，平时血型经常“溜出”医学界，更多地被用来和性格预测一类好玩的事情联系在一起，渐渐沦为和星座一样的命运。天文学家表示很虐心：同学们，星座是天文学名词，是天文学家用来对天空进行分区的，好吗？古时候的天文学家大半夜不睡觉，仰着头看星星、数星星、画星图，容易吗？

好了，不开玩笑了。古人在没有望远镜的时代，划分并认定了 88 个星座，把它们传承下来并不容易。殊不知，对血型的认识来得更加艰难，那是无数生命换来的。

人类在很久以前就开始用给病人输血的方法来治疗某些疾病。据记载，最早的输血发生在 1667 年，一个法国贵族将 280 毫升的小牛血输给了一个精神失常的流浪汉，目的是治疗他的精神问题。这位倒霉的患者在经历了山崩地裂般的免疫反应，几度游荡于生死线之后，居然奇迹

般地活了下来，并且维持了一段时间的平静。从此，输血疗法逐渐被一些有创新想法的医生接受。

所谓输血，就是把健康人的血液从血管里抽出来，再注射到急需补充血液的病人的血管里。显然，治疗方法听起来几乎是对症下药。可谁能料到，这个看上去直截了当的治疗方式，却弯都不拐地照直把人送进了鬼门关！

在早期，因为输血而送命的人多着呢！其中的一个致命原因就是受血者的溶血反应，也就是血液中的红细胞破裂。红细胞在血液里是负责传输氧气的。如果血液中的红细胞破裂了，那就等于运送氧气的“快递小哥”全都完了。一旦人体的各器官失去了氧气供应，那么死神随时赶到。

除了溶血反应外，有的时候，输血还有可能造成另外一个严重的后果，就是受血者的红细胞虽然没有破裂，却凝结成块。这也很糟糕！红细胞不能再完成输送氧气的使命，而且还造成了血管堵塞。

令当时的人们想不通的是，这两种情况并不是每次输血时都会发生，闹不清为什么有时候输血能把病人从死神手指尖拉回来。至于红细胞为什么会破裂？又为什么会凝结成块？人们更不清楚这里面的奥秘。正是无数生命的代价，促使人们开始研究血液，这里面到底有什么玄机？

卡尔·兰德斯坦纳

原来血有不同类型

研究不同血液相遇后的种种现象的那个人，是奥地利人卡尔·兰德斯坦纳。

兰德斯坦纳出生于今天奥地利的首都维也纳。不过在他出生时，他的祖国不叫奥地利，而是叫奥匈帝国。

兰德斯坦纳的父亲是一位新闻工作者。在兰德斯坦纳 6 岁的时候，他的父亲因为心脏病去世。幼年丧父的经历，使得兰德斯坦纳深感那些能够救死扶伤的医生的伟大，于是立志要成为一名医生。

大学毕业后，兰德斯坦纳留在他的母校维也纳大学医学院从事医学研究。此后不久，他进入维也纳病理研究所工作。他对输血时发生的溶血和凝血现象十分感兴趣。他认为，两个人的血液遇到一起就发生凝结，这背后一定有什么秘密还不为人知。

1900年，他在自己的研究所里抽取了22位“志愿者”同事的血液。把这些血液两两混合，观察随后发生的现象。他发现：不同人的血液混合在一起时会出现不同的情况，有的发生凝血或溶血现象，有的则相安无事。

他把这所有的实验结果记录在一个表格中，根据实验结果，对血液进行分类。最终他把血液分为三类：A、B和O，并把这种分类称为血型。1902年，兰德斯坦纳的学生把这个实验扩大到155人，从中发现了更为稀少的第四种血型——AB型。

哎呀！看上去都是鲜红的血液，竟然还有不同的类型啊！这血型是从哪来的啊？

警察抓小偷的游戏

血液的不同类型，来自血液中红细胞携带的不同抗原。抗原的类型，决定了这个人的血型。

比方说，当有外界的细菌或者病毒等一类“坏分子”侵入我们时，人体可不会像一个逆来顺受的垃圾桶一样，任其横冲直撞，为所欲为。我们的免疫系统首先会“认出”它们是入侵者，继而奋起抵抗，产生一种专门瓦解这种“敌人”的“卫士”，我们称它们为抗体。这个过程中，我们可能会发烧、咳嗽、吐痰……这些症状都是身体和入侵者作战的表现。

有些疾病，比如腮腺炎、麻疹，只要得过一次并且康复了，这种抗体就会留在身体里，保护我们这辈子再也不得这种病了，这叫终身免疫。有些病，比如感冒、咽炎，得过之后，抗体不会一直待在身体里。不过如果病毒摇身一变，变出个新嘴脸，长了点儿新能耐，我们身体里旧有的抗体镇不住它了，那么我们还是有可能再得这种病。

有的时候，侵入者并不一定是“坏分子”，也可能是并无歹意的“路人甲”。

比如说花粉、鸡蛋、牛奶、小麦、牛肉，还有鱼、虾……这些都对人体无害，蛋、奶、鱼、虾等不仅无害，还是“好朋友”，给身体提供营养。可偏偏免疫系统是非不辨、善恶不分，把“朋友”当作“敌人”，一通开火，弄得人或是皮肤起疹子、奇痒难耐，或是打喷嚏、流鼻涕、眼泪哗哗的，或是气喘，或是产生胃肠反应，凡此种种，不一而足，反正会把人折腾得够呛。真过分！免疫系统“闹”过头了！这就叫过敏。

凡是能够让免疫系统吹响号角、发起抵抗的东西，统统叫作抗原。抗原并不都是外来的。就像一把钥匙开一把锁，一种抗体专职死磕一种抗原。不同血型之间发生的溶血和凝血现象，就是在血液中上演的一场警察抓小偷的游戏。

抗体

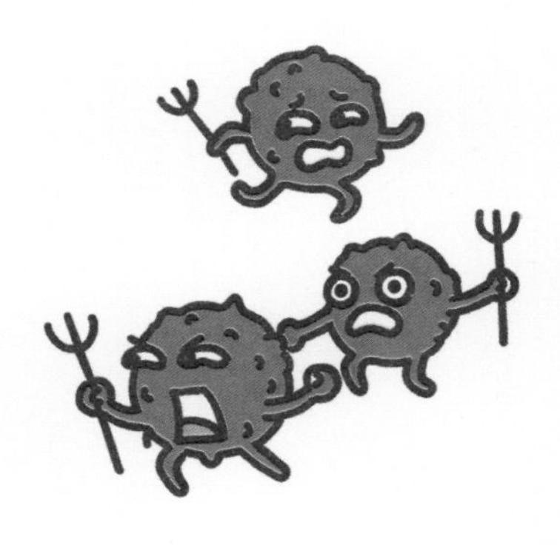
病毒

花粉

抗体

为何你我不同型？

红细胞上最常见的抗原有两种，分别是A抗原和B抗原。

如果一个人的红细胞上携带A抗原，那么他的血型就是A型，同时他的血液中，还会有抗B抗体——B抗原的克星。

如果红细胞上携带B抗原，那这个人就是B型血，他的血液中有抗A抗体。

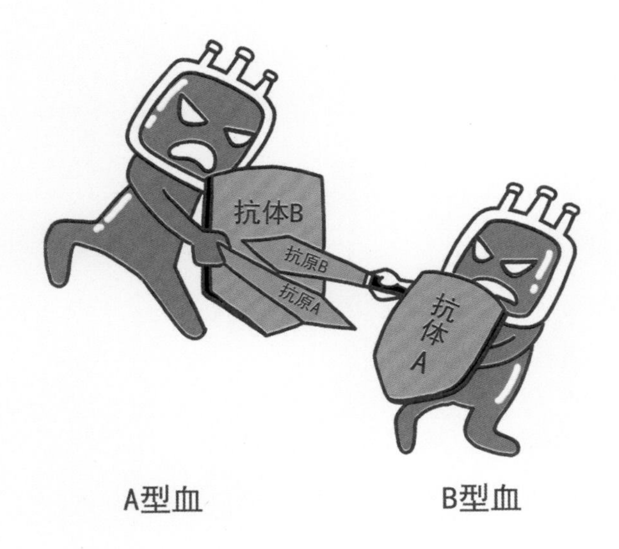

当我们需要给一个 A 型血的人输血的时候，只能输 A 型血或 O 型血。如果错误地给他输了 B 型血，那么这个人自身的 A 抗原和 B 型血里的 A 抗体就会爆发一场激战，从而造成凝血，非常危险，甚至有可能性命难保！

如果一个人的红细胞上同时拥有 A、B 两种抗原，那他就是 AB 型血。A 抗体和 B 抗体，他都没有。

如果 A 抗原、B 抗原两种全都没有，那就是 O 型血。

有意思的是，兰德斯坦纳在最初命名的时候，并不是取名为“O”，而是 0（零）型血——表示啥也没有嘛。当翻译在将他的文章从德文翻译成英文时，误把 0 写成了 O，所以现在全世界都说 O 型血。只有丁是丁卯是卯的德国人，还坚持说 0 型血。

除了 A 抗原和 B 抗原外，还有一种 Rh 抗原。因为这种抗原最早在恒河猴的身上被发现，所以又叫作恒河抗原。大部分人类都拥有这种抗原。医学上把“有”叫作阳性，“没有”叫作阴性。血液里有 Rh 抗原的，叫作 Rh 阳性。血液里没有这种抗原的，叫作 Rh 阴性。Rh 阴性血少到什么地步呢？在我国，除部分少数民族外，Rh 阳性血的人占总人口数的 99%

以上。所以人们给Rh阴性血又取了个别名："熊猫血"。因为它太稀有了！

不是还有比熊猫更珍稀的动物吗？——对！更稀少罕见的血型还有呢。除了上面这几种，科学家陆陆续续地发现了一些新的抗原。到目前为止，国际输血协会（ISBT）认可的人类血型系统有43个，血型抗原有三百多种，其中大部分血型都非常罕见，大概它们得叫作"华南虎血""朱鹮血"了。

血型会通过遗传基因传承。比如父母都是A型血，那么他们的子女无论如何也不可能是B型血。在后文的血型遗传表中，给出了父母血型与子女血型的关系。

兰德斯坦纳的发现使得输血从一种生死未卜、祸福难料的赌命事件，变成了一种有规可循、高效安全的治疗方法，从而挽救了无数生命。在此之前，因为没有办法解决手术中病人的大量出血问题，外科手术成了不折不扣的鬼门关。自从人类掌握了血型的奥秘，外科手术中失血的风险被大大化解，各种手术得以广泛开展。一大批之前让医生束手无策的疾病，现在可以无后顾之忧地通过外科手术解决。兰德斯坦纳的发现有助于人们战胜疾病，延年增寿。

兰德斯坦纳也因此获得了1930年诺贝尔生理学或医学奖。

世界卫生组织、红十字会与红新月会国际联合会、国际献血组织联合会、国际输血协会联合倡议，将兰德斯坦纳的生日——6月14日定为“世界献血者日”，以铭记他的贡献。

血型遗传表

一方血型	另外一方血型	孩子可能的血型	孩子不可能的血型
A	A	A、O	B、AB
B	B	B、O	A、AB
A	B	A、B、O、AB	——
AB	A	A、B、AB	O
AB	B	A、B、AB	O
O	A	O、A	B、AB
O	B	O、B	A、AB
O	AB	A、B	O、AB
AB	AB	A、B、AB	O
O	O	O	A、B、AB

延伸阅读

❶ 卡尔·兰德斯坦纳（1868—1943），奥地利医学家、生理学家，后加入美国籍，因发现人类的血型而获得 1930 年诺贝尔生理学或医学奖。

◆红细胞是血液中的一种细胞，呈中间带个小凹的圆饼形状，主要职能是运送氧气。

◆凡是被免疫系统认定是“入侵者”，并引起免疫系统奋起抵抗的东西，就是抗原。病毒就是常见的抗原。事实上，抗原不一定都是“坏蛋”。

◆打预防针，通常是注射一定量的经过处理的病毒，也就是给人身体里输入一点危害不大的抗原。这样刚好能够激发免疫系统产生相应的抗体又不至于生病，于是人体就对这种病有了免疫力。

第6章

青霉素和疫苗：人类健康的福音

17 世纪，荷兰人列文虎克磨制出透镜，用它可以看到以前人们无法看见的小东西，细菌就这样在无意中被发现了。其实列文虎克的工作内容是看门，一个“保安”如何会有如此惊人的发现？

有一种东西，只因一处伤口就可以夺走身壮如牛的士兵的性命。美国人曾经把攻克它的研制，列为和原子弹研制同样重要的级别！它是什么？有什么疾病是病毒引起的？在病毒面前，人类只能坐以待毙吗？有什么办法对付病毒？

细菌这么小，是怎么被发现的？

接下来我说的内容一定很有趣！17世纪初，人类的目光已经延伸到距离地球十几亿千米的地方，人类发现了木星和土星，还看到了木星的卫星和土星的光环。而对近在咫尺，空气、水、泥土中无处不在，甚至就在我们身体里安居乐业、浩浩荡荡的细菌“大军”，还茫然无知。更有趣的是发现遥远的星星和手指上的细菌的工具，虽然名字不相同，本质上却都一样：磨制过的玻璃。

17世纪，一个叫列文虎克的荷兰人最早发现了细菌。

说起列文虎克，用今天的话说，就是地道的草根一名。他家境不好，没有念过多少书。他的工作是给市政府看门，也就是我们过去说的门房儿，今天叫保安。一个“保安”能有留名史册的重大发现，背后的两个重要条件功不可没：一是时间，“保安”的工作比较轻松，所以他有大把的时间，鼓捣点儿自己喜欢的事；二是好奇心，有闲的人很多，但选择把无所事事的时间用来做什么，将导致每个人的将来变得大不相同。一般来说，如果一个人肯把自己的时间交由好奇心来驱动，而且肯动动脑筋，再加上一点儿执着和定力，那么这个人将来就很可能做出点儿不同寻常的事来。

一次偶然的机会，列文虎克从朋友那里得知有种新潮玩意儿叫“放大镜”，可以把小的东西放大，让人看个一清二楚。

“这东西太好玩了，我也弄一个来玩玩！”列文虎克心想。现在，虽然放大镜很普通，但在17世纪，那可是奢侈品！由于手工磨制一块放大镜需要高超的技巧和较长的时间，早期的放大镜不是一般人能买得起的。列文虎克没钱，但他任性——买不起？不要紧，我自己做！

任性还得下功夫！列文虎克一发不可收拾，终其一生，他磨制出了400多块放大镜，各式各样，令人惊叹。列文虎克磨制的放大镜，让人看到了此前看不见的微小事物，揭开了一个隐秘的世界，举世轰动！连英国的安妮女王和俄国的彼得大帝这样不可一世的人物，都曾经满怀新奇地拜访过列文虎克。而他并没有因此止步，又不断磨制出放大倍数更

高的放大镜，并且尝试把不同的放大镜组合起来，制造出了当时世界上放大倍数最高的显微镜。

利用自己制造的显微镜，列文虎克发现了细菌的存在。“各种不同的‘狄尔肯’，数量庞大……它们活动相当优美，它们来回地转动……”列文虎克在自己的实验记录中这样写道。“狄尔肯”（拉丁文 *Dierken*）就是列文虎克给细菌起的名字，指细小活泼的物体。

原来病是细菌闹的

莫嫌列文虎克恶心啊！——看着细菌还说它优美？还美滋滋的？啧啧啧……

当时的人们还不了解，这些“狄尔肯”正是很多疾病的罪魁祸首。今天连3岁的孩子都知道“喝生水会肚子疼”，知道“饭前便后要洗手”，而在300多年前，就连大科学家也不知道呢。

直到列文虎克发现细菌之后100年，随着生物学和医学的发展，人们才逐渐认识到细菌与疾病的联系。肺炎球菌会让人们得上肺炎、沙门氏菌会让人们得上副伤寒、痢疾杆菌会让人们拉肚子……很多疾病都是因为这些看不见的“小捣蛋”悄悄溜进人体，安营扎寨，兴风作浪造成的。

14—17世纪在全世界范围内暴发的黑死病，就是由鼠疫杆菌引起的，在欧洲近1/3的人因此丧命。至今，欧洲人提起它仍心有余悸。

可是，就算知道了，能怎么着？你说是掐死它，还是碾死它？——细菌实在太小了，五尺高的大活人硬是拿这小东西一点儿办法都没有。肺炎、痢疾一类的疾病，在当时成为一种不治之症。这种惨痛的情况，直到20世纪初另一个草根科学家的横空出世才得到扭转。和列文虎克的执着不同，他的成功，是被机会结结实实地撞了一下腰，他是谁？下一节就会讲到！

现在我们应该对细菌有了全面的认识：很多细菌是无害的，有的还对身体有好处，比如酸奶里的细菌。如果把身体里的细菌统统杀死，人也会立刻死掉。

亚历山大·弗莱明

意外的发现

农民出身的英国生物学家亚历山大·弗莱明，研究的细菌有个好听的名字：金黄色葡萄球菌。人类与这种细菌斗智斗勇的战役，至今没有停止。它是引起人体感染的第二大细菌，仅次于大肠杆菌。

1928 年 7 月，弗莱明培养了一些金黄色葡萄球菌，随后他就回乡度假去了。9 月，当他回到实验室时，他发现培养金黄色葡萄球菌的培养皿里长了一块霉斑——糟糕！金黄色葡萄球菌被污染了！这意味着前功尽弃，实验失败。弗莱明很沮丧，不过他并没有马上去清洗培养皿，而是把培养皿放到了显微镜下，仔细观察。令人意想不到的事情发生了：金黄色葡萄球菌和霉菌狼狈为奸、共同生长、你中有我、我中有你的情景并没有发生。奇怪！这是怎么回事？

事实上，弗莱明看到的培养皿中“楚河”“汉界”泾渭分明，霉菌和金黄色葡萄球菌各有各的阵营。这两个月的时间里，金黄色葡萄球菌繁殖得天翻地覆，早都不晓得几代同堂了，数量极多。可是在霉菌斑的周围，居然一个金黄色葡萄球菌也没有！弗莱明马上意识到，这不知从哪里钻出来的霉菌有消灭金黄色葡萄球的本事！

重大发现！绝对是重大发现！当时全世界所有的医生都上天入地地寻找细菌的克星。这鬼使神差杀出来的霉菌不就是吗？要是能把它做成药，那能救活多少条人命啊！由于这种霉菌是青绿色的，所以弗莱明把这种能杀死细菌的“高手”命名为“青霉素”。

谁知幸运女神只朝弗莱明露出一丝浅浅的微笑，就决绝转身了。他用青霉素提取物治疗生病的家兔和小白鼠，却导致动物大量死亡。原因是他用药量太大了，可当时他并不知道青霉素这么给力，还以为这东西有毒呢。这一下，前景大好的青霉素研究被搁置了十多年。在探索科学的道路上，判断力真的是至关重要！

还好！有人对青霉素有另外的判断。1940 年，牛津大学的药理学家霍华德·弗洛里与生物化学家恩斯特·伯利斯·柴恩重启了青霉素的研究。他们提炼出了较高纯度的青霉素，并且通过动物实验确定了治疗疾病所需要的青霉素剂量。1942 年，弗洛里又找到了大规模生产青霉素的方法。1943 年，美国的制药厂开始大规模地生产青霉素。当时正值第二次世界大战，生产出的青霉素被送到炮火纷飞的前线，挽救了大量盟军士兵的生命，为保卫和平立下特殊的功勋。

弗莱明、弗洛里和柴恩因此获得了 1945 年诺贝尔生理学或医学奖。

抗生素吃还是不吃？

继青霉素之后，人们陆续发现了头孢菌素、氯霉素、链霉素、土霉素等，它们的共同特点是能抑制或杀死细菌，对抗细菌感染类疾病。这就是我们说的抗生素。

抗生素的发现是20世纪医药领域伟大的成就之一。你或许还不知道，在没有抗生素的时代，战争中造成伤亡最为惨重的，倒不是呼啸而来的炮弹，而是伤口感染！那时候，皮肤划破个小口、摔一跤磕破了皮这种“小事”，就有可能让一个壮如牛的士兵丧命。所以即使是肢体轻伤，军医都可能选择残酷的截肢治疗！而这么做本身又有巨大的风险。一切的一切，都要归因于我们人类拿细菌没办法。抗生素的发现，无疑是人类与细菌作战历史上一场漂亮的翻身仗！人类战胜疾病的能力提高，如虎添翼。美国人曾把青霉素的研制，放在和原子弹研制一样重要的地位。

然而，在抗生素的使用中，新的问题随之而来。人们发现，细菌也在不断进化。以前能被抗生素轻易剿灭的细菌，现在变得更顽强了——

细菌产生了耐药性。好你个小东西！来，加把劲！看看是我们强，还是你们强！于是人们又开始研发更强力的抗生素。新药上市，细菌溃败。过了一段时间，细菌的耐药性又跟上了，新药不那么灵了……真可谓道高一尺魔高一丈，魔高一尺道高一丈。

这又回到了我们刚开始的故事。当我们感冒、发烧、咳嗽的时候，医生为什么二话不说，上来就要验血？目的就是要弄明白导致我们生病的原因。如果血液中的白细胞含量超标，那就提示身体里有细菌入侵，医生会考虑使用抗生素。如果不是，那就不要轻易使用抗生素了！因为身体里有另一股坏分子在作案，抗生素还搞不定它。

警报：病毒

通常病毒是一种比细菌更小的生命体。细菌是单细胞生物，而病毒根本没有完整的细胞。病毒的个头通常极小，只有细菌的千分之一大。病毒不仅仅存在于地球，还存在于宇宙空间中。

别看它个头小，使起坏来太可怕！小到感冒、手足口病，大到SARS（非典型性肺炎）、艾滋病，乃至一度在非洲十分嚣张的埃博拉，都是病毒惹的祸。

病毒的发现者是荷兰细菌学家贝杰林克。1898年，他正在着手研究烟草的一种传染病——花叶病。经过研究，他发现传染这种疾病的微生物，与细菌的特点截然不同。既然不是细菌，那就一定是一种新的微生物，贝杰林克将它命名为病毒。

发现之初，人们依然不清楚病毒是怎么让人生病的。直到几十年后，美国人德尔布吕克破解了病毒的致病机理。

德尔布吕克经过多年的研究，发现了病毒是如何自我复制，如何侵入细胞，又是如何让人生病的。除了德尔布吕克外，另外两位美国科学家阿弗雷德·赫希和萨尔瓦多·卢瑞亚也各自发现了病毒自我复制的机理，他们三人共同获得了1969年诺贝尔生理学或医学奖。

尽管病毒被发现已经有100多年了，但和细菌不同，到目前为止，人类还没有研究出能有效杀死病毒的药物。最有效的阻击病毒的手段就是接种疫苗。

所谓疫苗，就是一种杀伤力较低的病毒。疫苗进入身体后，会激发免疫系统奋力杀敌，在杀死病毒的同时，记住病毒的特点，下次再有类似病毒进入身体，就可以迅速反应，不给病毒逞凶斗狠的机会。也就是说，我们对这种病毒有了免疫力。

好啦！下次再抽血时，抹干眼泪，咱们也看看化验单，判断一下是细菌感染，还是病毒作乱？细菌和病毒，赶不尽，杀不绝，只有注意卫生，锻炼体魄，才能远离疾病。祝大家健康！

看看自己打过这些疫苗没

年龄	初生时	1岁	2岁	3岁	4岁	6岁	小学四年级	初中一年级
疫苗种类	卡介苗、乙肝疫苗	乙脑减毒活疫苗	甲肝灭活疫苗、乙脑减毒活疫苗	流脑多糖疫苗	脊髓灰质炎疫苗	百白破疫苗、麻腮风疫苗	流脑多糖疫苗	乙肝疫苗

注：以上选自《北京市免疫规划疫苗程序》（2017版）

延伸阅读

❶ 亚历山大·弗莱明（1881—1955），英国生物学家、药学家、植物学家，因对青霉素的研究而获得1945年诺贝尔生理学或医学奖。

❷ 恩斯特·伯利斯·柴恩（1906—1979），英国生物化学家，因对青霉素的研究而获得1945年诺贝尔生理学或医学奖。

❸ 霍华德·弗洛里（1898—1968），澳大利亚药理学家，因对青霉素的研究而获得1945年诺贝尔生理学或医学奖。

❹ 马克斯·德尔布吕克（1906—1981），美国生物物理学家，因对病毒的研究而获得1969年诺贝尔生理学或医学奖。

❺ 阿弗雷德·赫希（1908—1997），美国细菌学家与遗传学家，因对病毒的研究而获得1969年诺贝尔生理学或医学奖。

❻ 萨尔瓦多·卢瑞亚（1912—1991），美国微生物学家，因对病毒的研究而获得1969年诺贝尔生理学或医学奖。

延伸阅读

◆细菌是最简单的物种之一，每个细菌只有一个细胞，因此被称为单细胞生物。细菌直径通常只有 0.5~1 微米，肉眼根本看不到。

◆路易・巴斯德（1822—1895），法国微生物学家、化学家。最早发现疾病可能由侵入身体的微生物引起。而在此之前，人们普遍相信疾病是上天的惩罚。我们今天在牛奶包装上看到的“巴氏灭菌”，就跟他有关。

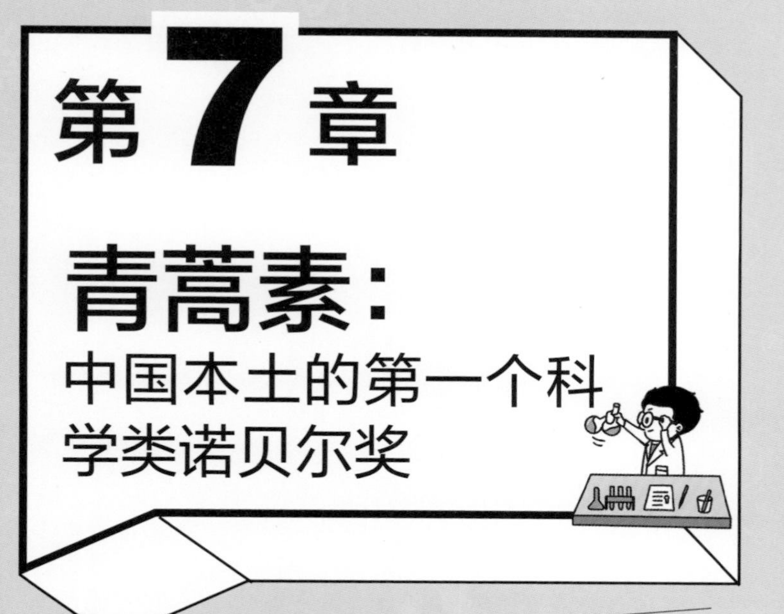

第7章

青蒿素：中国本土的第一个科学类诺贝尔奖

北京时间2015年12月10日23点30分，一位身着紫色礼服的中国科学家，在瑞典首都斯德哥尔摩音乐厅，登上了诺贝尔奖的领奖台。这位中国科学家名叫屠呦呦，她在20世纪70年代的发现，据说拯救了“2亿人”！

她发现了一种提取于某种广泛生长于中国大地的植物的药——青蒿素。青蒿素中蕴含了古老的中国传统医药的智慧。

青蒿素能治什么病呢？——疟疾，一种很恐怖的传染病。

疟疾真虐

疟疾很恐怖，一旦谁得上这种病，真的很虐！

在我国古代，疟疾被称为“寒热重症”，光听这个名字，就能想到它不是省油的灯。有些古装剧里表现过这种病把人折腾得有多惨的情形：病人一会儿发热、一会儿发冷。热的时候，浑身滚烫；冷的时候，即便盖3床大厚被，还哆嗦个不停，痛苦不堪。老百姓管这种病叫“打摆子”。

明代有一位名叫陈全的文人，要是生活在今天，很有当“段子手”的潜质。他写了一首《疟疾词》，活灵活现地描写了患了疟疾是一种怎样的体验：“冷来时冷得冰凌上卧，热来时热得蒸笼里坐；疼时节疼得天灵盖破，颤时节颤得牙关儿挫。只被你害杀人也么哥，只被你闷杀人也么哥，真是寒来暑往人难过。”

假想一下，如果陈全的《疟疾词》跨越时空流传到非洲，很可能会刷爆朋友圈。疟疾恐怖的第二个原因是它在地球上，特别是在热带地区肆虐成风，是一种全球性的急性寄生虫传染病。根据世界卫生组织发布

的 2014 年的数据，在非洲每年疟疾的发病人数高达 1.63 亿！

1.63 亿人是个什么概念？——比日本全国人口还多。当时非洲的人口大约有 11 亿。这个数字的背后，隐藏着一个惊人的事实：在非洲，不到 7 个人里，就有 1 个患了疟疾！

怎么会这么厉害？——因为疟疾是传染病，它的传染性比艾滋病强多了。

罪魁和帮凶

那么，人是怎么得上疟疾的呢？——罪魁祸首就是疟原虫。疟疾是由疟原虫引起的。

疟原虫是个什么虫？——叫虫不是虫。

疟原虫和我们想象中的虫子大相径庭，它没有肉墩墩的胖身子，也没有硬壳、翅膀，更不会嗡嗡嗡地到处飞。疟原虫是一种单细胞生物，可以生活在人的血液里。真可恨啊！吃我们的血，让我们生病，还把我们折腾得要命！

疟疾的传染性强，是因为小坏蛋疟原虫还有一个可恶的帮凶，就是蚊子。蚊子叮人的时候，不是会吸人的血吗？得了疟疾的人，一旦被蚊子叮咬，疟原虫就会和血液一起进入蚊子的体内。于是，这只蚊子就成

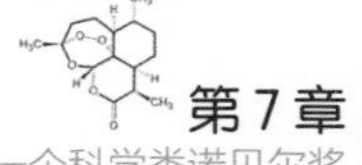

了疟原虫的罪恶“专机”！当这只蚊子再去叮咬一个健康的人时，疟原虫就趁机“偷渡”到健康人的体内。过不了多久，这个人就要冷一阵、热一阵地“打摆子”了。

大凡天气炎热的地方，蚊子也都十分猖獗，防不胜防。由于疟原虫和蚊子的“地空联合作战”，疟疾的传播，如同野草疯长，势如破竹。在缺医少药的古代，疟疾是不治之症，死于此病的人非常多。

抗疟先锋

在南美洲的安第斯山脉，生长着一种高大的乔木，远远望去，树冠红一层绿一层，红绿相间，分外美丽。到了夏季，还开出朵朵白色的小花。这种树的名字叫作金鸡纳树。南美国家秘鲁把它奉为国树。

金鸡纳树的树皮中含有一种生物碱，俗称金鸡纳霜，是世界上最早被用来治疗疟疾的特效药。欧洲的传教士到了南美洲，也曾身染疟疾。当地人用世代相传的草药金鸡纳霜治好了传教士的疟疾。由此，金鸡纳霜被带到欧洲，又进一步传播到了世界各地。我国清代的康熙皇帝也曾经得过疟疾，被折磨得苦不堪言。当时在中国的西方传教士向康熙皇帝进献了金鸡纳霜，康熙皇帝痊愈后龙颜大悦，把金鸡纳霜称为“圣药”。《红楼梦》的作者曹雪芹的祖父曹寅在南京做官，他是康熙皇帝从小一起长大的好友，也是深受康熙信任的大臣。曹寅得了疟疾后，康熙皇帝非常关切，从北京派人骑上御赐的好马星夜赶往南京，去给曹寅送金鸡纳霜。可惜200多年前，再日夜兼程，也只能靠马的四条腿跑，没有飞机，

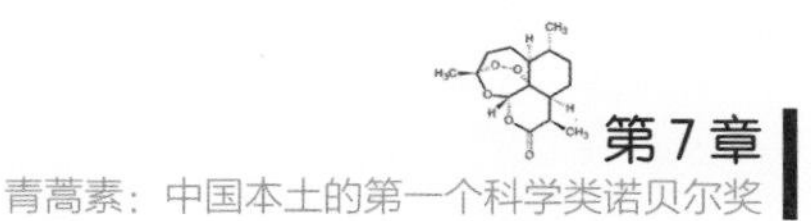

没有动车。曹寅没能等到金鸡纳霜送来，就与世长辞了。

金鸡纳霜是一种草药，和我们在中药房看到的草叶、树皮、花蕾……区别不大。1820 年两位法国人佩尔蒂埃和卡芳杜，从金鸡纳树的树干和根部的皮中提取出一种白色粉末，这就是后来在医药界如雷贯耳的抗疟药物——奎宁。

20 世纪 60 年代之前，世界上抗疟的主力就是奎宁家族的药物，它们立下累累战功。不过疟原虫也不是吃素的，要论在地球上的“资历”，疟原虫算得上是“资深地球原住民”了，至少在 3000 万年前，疟原虫就在地球上出现了，那时候人类连影子都还没有呢。疟原虫和蚊子“联手作案”，在包括古人类、猩猩等灵长类动物身上吃香喝辣，横行了千万年，哪里是那么容易束手就擒的？人类有药，“小疟”有招儿。渐渐地，疟原虫进化出了抗药性，新生代的疟原虫面对奎宁刀枪不入。奎宁的抗疟美名开始屡屡受挫。

面对疟疾潮水般的攻势，人们急需一种新药，可以有效地对抗疟原虫。

奎宁来自金鸡纳树的树皮，那新的灵药在哪里？

是某种树皮？某种草叶？某种花朵？

抑或是树皮加草叶？草叶加花朵？树皮加花朵？

还是某种动物的什么……

中国人的老祖先有过“神农尝百草”，美国人也为了寻找抗疟新药，试遍了 21 万种“东西”！

然而，新药在哪里？

屠呦呦

一把青蒿

在寻找抗疟新药的探索之路上，有一群中国人打开了传统中医药的宝库，努力寻找能治疗疟疾的药方和中药。1967 年 5 月 23 日，我国开始了名为“中国疟疾研究协作项目”的研究计划，目的就是找到新的可以用于治疗疟疾的药物。1969 年，供职于中药研究所的屠呦呦加入了这个研究项目，并担任中医中药专业组组长。

屠呦呦和她的同事们首先翻开古书，依照古人留下的古方，先后整理出640种被认为可能对治疗疟疾有效的中药。中药材大都取自大自然，什么这种树的皮、那种草的叶、这种晒干的果、那种动物的壳……它们谁能治好疟疾呢？答案只能在试验中寻找，一个一个地试！

一种又一种的药材被淘汰出局。在这些“候选”中药里，有一种让研究人员又爱又恨的东西，叫青蒿。人们爱它，是因为它治好过疟疾，确有疗效！而恨的原因则是它的威力经常“不在线”，有时有效，有时无效，用专业人士的话说——“疗效极不稳定”，完全没有规律。

重大发现大多是躲躲闪闪、时隐时现的，从不轻易走到人们面前，大大方方亮相。那到底能不能从看似“不靠谱”的青蒿中找到抗疟新药呢？就在大家对青蒿举棋不定的时候，古书里的一句话，闪过屠呦呦的脑海。这部书就是东晋时期的道士葛洪编写的《肘后备急方》。在书中，记载了一个治疗疟疾的药方，是这么写的：

“青蒿一握，以水二升渍，绞取汁，尽服之。”

把这句话翻译成白话，意思是，一把青蒿，把它泡到水里，然后把

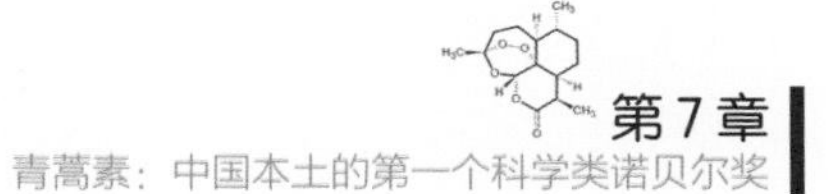

青蒿捣碎，让病患把青蒿汁和水一起喝下去。

咦？新鲜事来了！吃过中药的人都知道，传统的中药，可不是从药房取来就可以打开吃的。最讲究的步骤是水煎中药，也就是把所有的药都泡在水里，然后放到火上煮，煮成一锅浓浓的药汤。煮好后，把药汤过滤出来给病人喝，剩下的药渣就扔掉了。这个过程叫作“煎药”。现在很多医院提供“代煎”服务，替病人把中药煎好。不管是自己拿回家煎，还是请医院代煎，反正这个煎药的过程是断断不可少的。

偏偏在葛洪的药方里，竟然没有“煎药”这个步骤。换句话说，葛大夫给病人喝的是“鲜榨青蒿汁”！这是为什么？难道因为在煎药的过程会破坏青蒿中的有效成分？

煎药的本质，是在高温下，让藏在树皮、草叶、花朵……这些中草药中的有效成分，充分溶解到水里。如果煎药时的高温会破坏青蒿中的有效成分，那么我们不用水煎，改用其他方法，能不能提取青蒿中的有效成分呢？

屠呦呦提出可以使用乙醚在低温下提取青蒿中的有效成分。乙醚是一种无色透明液体，常被用作化学溶剂。这个想法很快就被付诸实践，青蒿的乙醚提取物也不负众望，用它来治疗小白鼠的疟疾，治愈率达到了 95% ~ 100%。因为是从青蒿中提取出来的，所以这种神奇的物质被称为青蒿素。

宝宝名叫科泰新

在东非国家肯尼亚首都内罗毕，有一位少年，名字叫科泰新（Cotecxin）。母亲给他取这个名字，就是用了屠呦呦创制的抗疟药物双氢青蒿素的商品名“科泰新”。当时的非洲，每年有上亿人感染疟疾，孕妇和儿童在疟疾感染病患中占了很大比例。因为怀孕的母亲得了疟疾不治身亡，很多胎儿甚至永远没有机会来到这个世上。这个叫科泰新的孩子，就是其中的幸运儿，还在妈妈肚子里的时候，就和母亲经历了一场与疟疾病魔较量的生死考验，最终来自中国的抗疟药物“科泰新”救了母子俩的命。死里逃生的母亲，给新生宝宝取名科泰新。

被青蒿素类药物救了的，远不止这一对母子。20世纪90年代，“科泰新”进入肯尼亚等被疟疾阴云笼罩的东非国家，很快成为治疗疟疾的主力药物，使疟疾病患的死亡率降低了50%，拯救了数百万人的生命。

青蒿素无疑是一项造福人类的伟大发现。屠呦呦和她的同事，为了找出哪种药物可以抑制疟疾，研究了 200 多个古人记录的药方，800 多种中药材。最终获得成功的青蒿素，是他们进行了 191 次试验后获得的！在证明青蒿素可以抑制小白鼠和猴子身上的疟疾之后，人们迫切地想知道，它对人体有没有毒副作用呢，可以安全地给病人使用吗？为了证明这个问题，42 岁的屠呦呦带头吃下了青蒿素，以身试药。

从一种遍生于路边、山谷的平凡小草，到一部经历千年的医学古籍，到在非洲及东南亚救人无数的抗疟药，再到斯德哥尔摩音乐厅里从瑞典国王手里接过的诺贝尔奖章，是屠呦呦的不懈努力换来了这个诺贝尔奖，她也成为中国本土诞生的第一个科学类诺贝尔奖获得者。在这枚奖章里，闪耀着中国传统医药的智慧，以及中国科学家的探索和献身精神。

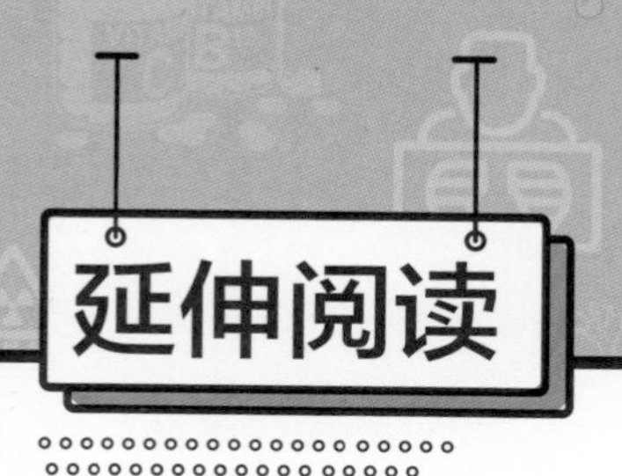

❶ 屠呦呦（1930—），中国药学家，因发现青蒿素治疗疟疾的新疗法而获得 2015 年诺贝尔生理学或医学奖。

◆1820 年，两名法国人从金鸡纳树中提取到了奎宁。一直到 20 世纪中期，奎宁家族药物都是世界各地的抗疟主力。

◆葛洪（约 281—341），东晋时期道教理论家、医学家。擅炼丹术。

◆泡茶是把茶叶中的某些成分溶解到水里。用化学术语说，水的作用是充当溶剂。乙醚也是一种常用溶剂，可以让我们需要的成分溶解其中。

第8章

胰岛素：治疗世纪顽疾出现了曙光

糖尿病是一种专门跟美味“过不去”的疾病。糖尿病是尿里有糖，还是血液里有糖？除了没口福外，糖尿病有什么更可怕的害处？

胰岛素的提取困难重重。班廷的巧妙方法来自挑灯夜读时的灵光一现。困难在哪里？班廷又得到了什么启迪呢？

什么是糖尿病?

“哎呀！不能给奶奶送糕点！她有糖尿病。”

“西瓜？我不吃。葡萄？更不能吃了，香蕉也不行。你吃吧。我有糖尿病。”

“服务员，麻烦快点儿上主食，我们这里有糖尿病病人。帮忙催一下！”

……

类似上面的情况，你是不是也遇到过？

如果你认识的人里有糖尿病病人，你就会知道，作为他们的亲朋，有时真的很伤脑筋！就连去看望他们，都不知带点儿什么东西好。

曲奇？——不行。

月饼？——不行。

粽子？——不行。

汤圆？——不行。

巧克力？——不行。

饮料？——不行。

水果？——更不行。

果脯蜜饯？——你知不知道人家有糖尿病啊？不能吃甜的！

那送点儿面包好吗，人总要吃饭的吧？——得了糖尿病的人，这些也不能多吃……

崩溃！

不想不知道，一想吓一跳！几乎所有这类适于走亲访友馈赠的食品，糖尿病病人都不能吃或者不宜多吃。而作为一个糖尿病病人也非常苦恼，不光这不能吃那不能吃，就是能吃的东西，吃多了、吃少了都不行。有些糖尿病病人吃早了不行、吃晚了也不行。

那么，糖尿病到底是一种什么样的疾病？

人得了糖尿病以后，不疼不痒，没什么感觉。很多人甚至患病已久，自己都不知道，直到某次体检时被告知已经患上糖尿病，才震惊不已。有的人得上糖尿病依旧吃得好、睡得香，照样白白胖胖，这不是没什么妨碍吗？还不如一场感冒难受呢！可为什么糖尿病被视为世纪顽疾？

严格地说，“糖尿病”这个词并不能准确地描述这种病。尿里有糖，不一定是糖尿病。比较科学的说法是，患这种病的人，他们血液中糖的浓度长期高于正常水平。

血里还有糖呀?

血液里的糖，不是棉花糖，不是水果糖，是葡萄糖。

我们知道，任何一种生物想要生存，都需要大量的能量。人类也不例外。而葡萄糖正是为我们提供这种能量的主要物质。我们吃的米饭、馒头、面条、面包等这些被称为主食的食物，经过消化系统，都会变成葡萄糖。别误会！葡萄糖可不是水果糖的一种，它是一种对于生命极其

重要的化学物质，事实上并不怎么甜。葡萄糖会被血液带到全身，为我们身体的每一个细胞提供能量。

当我们吃饱饭的时候，血液中的糖会多一些；肚子饿得咕咕叫时，血液中的糖就相对少一些。当然，无论多少，血液中糖的浓度都应该处于一个合理的范围之内。如果血液内糖的浓度过低，那就叫低血糖。血糖高是病，血糖低也要命！你想想汽车没油，还硬让它跑，能行吗？那样会把汽车弄坏。汽车是铁做的，都需要能量，人是血肉之躯，没有能量哪成啊？当身体里的细胞因为缺乏能量，不能正常工作时，生命就无法正常运转，那真是小命危矣！低血糖的人会心慌、腿软、大汗淋漓、面色苍白、头晕、浑身无力，还会对大脑造成损害，如不及时抢救，会有生命危险。

反过来，如果血液里糖的浓度过高，也不是什么好事。偶尔一两次、短时间内血糖浓度稍高问题还不大，可是如果血糖浓度长期保持在高水平，那就等于加入到糖尿病的“大军”了。

糖尿病有什么可怕的?

看上去糖尿病也没什么了不起的呀，不冷不热不疼不痒，不就是不能吃甜的吗？那忍着不吃不就行了？——事情没有这么简单。

糖尿病本身并不可怕，可怕的是它的并发症，也就是由糖尿病带来的病。高血糖使得血管内壁变得脆弱，这件事说起来轻巧，可是发生在哪儿，哪儿就出事：发生在眼睛，可能导致的眼病有一大串儿，严重了还可能视网膜剥离，人就看不见了；发生在肾上，肾部的血管病变会引起肾衰竭……那，发生在脚上总好点儿吧？——脚上的血管病变会使得脚上的伤口难以愈合，时间长了还会引起下肢坏死，因为糖尿病而截肢的人，也是有的。不是吓唬你啊！这些就是糖尿病的并发症，可怕不可怕？

第8章

胰岛素：治疗世纪顽疾出现了曙光

目前，世界上有4亿多人患有糖尿病，这个数字还在快速增长。光是在我们中国，糖尿病患者就已经超过1亿了。更令人担忧的是，这双看不见的魔掌，还在不知不觉地伸向年轻人和少年儿童。疾病不会平白给谁豁免权，风险就在每个人面前。目前没有任何特效药物能彻底治愈糖尿病。糖尿病患者面临的是终身治疗。说来令人沮丧，治疗的目的也只能是控制血糖水平，延缓并发症的发生。你说糖尿病可怕不可怕？要我说，叫它“世纪顽疾”一点儿也不过分。

曙光初现

确实是“世纪顽疾”！早在3000多年前的古埃及，人们就认识到了有这么一种病，史籍中还有关于糖尿病的记载。千百年来，人们千方百计地对抗这种病，可没有一种办法可以彻底治好。

1889年，德国科学家约瑟夫·冯·梅林和奥斯卡·明科夫斯基得到了一个重大发现：失去了胰脏的狗，很快会得上糖尿病，并在不久后死亡。据此人们猜测，胰脏中存在一种物质可以有效地控制血糖，人们称这种物质为胰岛素。

简单地说，胰岛素就是管着血糖的。当血液中血糖的浓度较高时，胰岛素大量出动，促进身体细胞吸收血糖，并把它储存在细胞里，血液中的血糖浓度就降低了。当血液中的血糖浓度比较低时，胰脏就不再分泌胰岛素。细胞活动优先动用自己的“家底儿”——使用自己储存的糖类作为能量来源。糖尿病病人之所以血糖浓度过高，是因为胰脏分泌胰岛素的功能减弱，造成胰岛素分泌不足。

好了好了！这不就像借来芭蕉扇，好过火焰山一样吗？知道了胰岛素的神通，一切不就迎刃而解了，给糖尿病病人来点儿胰岛素，不就可以治好了吗？但“世纪顽疾”可不会这么轻易地被征服。仿佛雪山之巅的灵药、海底的奇珍，人们知道有这东西，却拿不到它。胰岛素也是！因为胰岛素是由胰脏内胰岛的一种细胞分泌的激素，而胰腺外分泌的胰蛋白酶会破坏胰岛内分泌的激素。正常人体中，它俩“蛇有蛇道，鼠有鼠道”，各不相犯。当要人工提取时，切开胰腺很容易让胰腺管破裂，让它们冤家路窄。怎么能够火中取栗，得到胰岛内部分泌的这种救命的激素呢？正因有这个困难，糖尿病在20世纪初继续肆虐，位列“绝症”

弗雷德里克·格兰特·班廷

的黑名单中。

1921 年，加拿大安大略医学院教授班廷，在一个夜晚读到一篇新发表的关于糖尿病的论文，大受启发。他想到，要是结扎动物胰腺管，使其萎缩失去功效，就可以避免胰腺外分泌的胰蛋白酶“消化”掉胰岛素，从而成功采集到胰岛素。

班廷的系主任听说了他的想法后，建议他找多伦多大学生理系的著名专家麦克劳德寻求帮助。麦克劳德很快回信，同意在自己外出度假时，把自己的实验室借给班廷进行实验研究。实验室里的贝斯特，在和别人“扔

钢镚儿”的游戏中赢了，幸运地被留下作为班廷的助手。和贝斯特一起留下的，还有10条狗。

让我们隔着近一个世纪想象一下，那10条狗会顺从地等着班廷他们在自己身上动刀吗？狗就那么大点儿的个头儿，它的胰腺能有多大？而在小狗的体内精准地结扎细细的胰腺管又谈何容易？从狗身上提取的分泌物，用到人身上行吗？安全吗？会不会让人得上什么病啊？……可以想见班廷和贝斯特经过了怎样的艰辛和挫败！他们甚至做了第一个吃螃蟹的人——率先将收集的狗的胰岛素注射到自己身体里，进行自体试验。这需要多大的勇气和献身精神啊！最终，所有的付出都得到了回报，师生二人终于成功地提取了健康狗的胰脏分泌物，并把这种分泌物注射到了患有糖尿病的狗身体里。果然不出所料，患糖尿病的狗狗，症状得到了明显改善！

在胰岛素被发现的第2年，也就是1922年，胰岛素注射法被应用于临床治疗，成为迄今为止治疗糖尿病最有效的方法。治疗“世纪顽疾”出现了曙光！

尽管不能像退烧镇咳治感冒一样彻底治好糖尿病，可胰岛素的提取真的已经很伟大了！它把幸福生活的权利重新还给了千千万万曾被提前宣判“死刑”的人。通过注射胰岛素，糖尿病病人可以有效地控制血糖，延缓并发症的来临，极大地改善了病人的生活质量。甚至多位杰出的运动员在患上糖尿病后，依靠胰岛素泵和精密的治疗，运动生涯不但没有终止，竟然还完成了摘取奥运会金牌的壮举，做到了连健康人都难以做到的事。

不得不提的还有，1965 年，中国科学院的几位科学家人工合成了结晶牛胰岛素。这是世界上第一次人工合成的胰岛素。它开启了大规模工业化生产胰岛素的大门，意味着注射胰岛素的治疗手段可以走进寻常百姓家，不再是富人的专享。要不是有这一步，天知道现在胰岛素会有多贵！人工合成胰岛素，让班廷和前辈的努力真正惠及大众。这个项目的负责人钮经义获得了 1979 年诺贝尔化学奖的提名。不过遗憾的是，他最终并未获奖。

这个奖，班廷不要

1923 年 8 月，“胰岛素英雄”班廷登上了《时代周刊》封面，同年获得了诺贝尔生理学或医学奖。从他采集到胰岛素，到诺贝尔奖桂冠降临，只用了短短 2 年；如果按人体试验活动成功算起，就只花了 1 年，是诺贝尔奖历史上获奖最快的一次。可见对于他给治疗“世纪顽疾”带来的福音，人们多么欢欣雀跃！连一向谨慎持重的诺贝尔奖委员会，这次都“漫卷诗书喜欲狂”。

不知班廷本人知不知道，早他一年获得诺贝尔物理学奖的爱因斯坦前往斯德哥尔摩领奖的道路是何等曲折！早在 1910 年就有人提名爱因斯坦。到了 1921 年，32 位诺贝尔奖提名人中，有 14 位提名爱因斯坦。可诺贝尔奖委员会就是对爱因斯坦的成就视而不见。到了 1922 年，爱因斯坦的巨大声誉已使群情涌动，50 个人推荐他！诺贝尔奖委员会于 1922 年授予爱因斯坦前一年度空缺的 1921 年诺贝尔物理学奖，以表彰他在光电效应和理论物理学方面的成就。

班廷一定不知道，大气动力学之父皮叶克尼斯48次提名，无一次中；量子力学与原子物理学的开山鼻祖索末菲84次提名，全部落空！量子力学的另一位奠基人玻恩获得1954年诺贝尔物理学奖时，已经72岁，距离他的论文发表，已经过了29年。化学家肖万2005年获奖时，已经75岁，嘉奖的更是他34年前的成果。“光纤之父”高锟2009年获得诺贝尔物理学奖的时候，已经76岁，发明光纤是43年前的事了。当73岁的钱德拉塞卡手捧1983年诺贝尔物理学奖的证书和奖章时，他的钱德拉塞卡极限已经问世半个世纪。97岁的古迪纳夫获得2019年诺贝尔化学奖，创下了获奖时年龄最大的纪录。而从做出贡献到获奖历时最长的纪录，由获得1966年诺贝尔生理学或医学奖的劳斯保持，他等了55年！

出乎所有人的预料，年方三十有二的班廷面对获奖的喜讯，反应竟然是勃然大怒：“这个奖，我不要！”因为公布的是他和麦克劳德一起分享本年度的奖项，而真正和他披荆斩棘、亲力亲为的贝斯特老弟却只

有苦劳没功劳，获奖名单里压根没有他！

原来班廷他们成功后不久，恰逢 1920 年诺贝尔生理学或医学奖得主奥古斯特·克罗造访北美。而名气更大的麦克劳德把克罗接到家中，对他大展宣传攻势，介绍自己实验室里的光辉成果；讲述自己度假归来，如何对“小班”的工作给予关键性指导。克罗的夫人就是糖尿病患者，听说了胰岛素后，自然兴奋不已。身为丹麦人的克罗回国时，把这个喜讯带回北欧。于是，鸠占鹊巢，英雄惜败。而即便证明是误听偏信，诺贝尔奖委员会一贯的做派是，一经公布，无可更改，纵有争议，不理不睬。

唉，很替贝斯特遗憾和抱屈啊！我们又能做点儿什么呢？大概也只有把贝斯特和班廷并列在一起，记住他这个人吧。

延伸阅读

❶ 弗雷德里克·格兰特·班廷（1891—1941），加拿大生理学家、外科医生，因提取胰岛素而获得 1923 年诺贝尔生理学或医学奖。

❷ 约翰·麦克劳德（1876—1935），英国生理学家，因发现胰岛素而获得 1923 年诺贝尔生理学或医学奖。（仅作为实验机构负责人署名）

◆空腹血糖，就是清晨不吃不喝情况下测量的血糖，在 3.9 ~ 6.1 毫摩尔 / 升之间是正常的。

◆内、外分泌不是说一个在里，一个在外。医学上说的外分泌，是指分泌产物通过管道传输，内分泌则没有管道。胰岛素属于胰脏的内分泌，胰蛋白酶是外分泌。

◆美国游泳运动员加里·霍尔，在身患糖尿病后，依然在 2000 年悉尼奥运会上获得二金一银一铜的优异战绩。

第9章 晶体管和集成电路：没它们就没有电脑和手机

早期的收音机体积大，差不多要占半张桌子。后来的收音机只有一本普通书的大小。这个变化要归功于晶体管的发明。电视、电冰箱、微波炉、笔记本、电脑、手机、iPad……这些电器设备都离不开集成电路。

什么是晶体管？是谁发明了晶体管？什么是集成电路？它们有什么关系？

唯一的家电——手电筒

不知你听没听过有这样一个笑话。说过去谁家很穷，什么都没有。这个人不服，理直气壮地反驳说：“那我们家好歹也还有一样家用电器呢！”

对方很惊讶。

“手电筒。”

静音片刻后，台下一片爆笑。虽然这个笑话出现在相声里，可是如果没有晶体管，即便富甲一方的豪门，估计比这个也强不到哪里去，家里的电器估计也就是一个手电筒和一台黑白电视机。

晶体管是何方神圣？怎么会这么重要？

没有晶体管，我们家里会是什么样的情况呢？

没有晶体管的话，收音机会有微波炉那么大。大屏幕彩电就别想了，想看电视的话，就凑合看看老式黑白的吧，还是电子管的那种。MP3 和 MP4？还想要数码相机？——你想多了！洗衣机总是可以的吧？——啊，这个可以有，不过不会有电脑控制的智能功能，什么纯棉的、麻的、羊绒的……各种衣物各有专属的洗涤模式，这就办不到了。

苹果、三星、华为……这些闪亮的科技品牌，每一次骄傲地推出的新产品，展示令人爱不释手、又惊又喜的新功能，都引得消费者赞叹追捧，你可知晶体管可是其中不可或缺而又平凡无奇的一员？无论多么高大上的科技产品，都离不开晶体管这种看上去没 U 盘大、比发丝还纤细的元件。

为什么叫“电子计算机”？

1946年2月14日，美国宾夕法尼亚大学的校园里，诞生了一个奇怪的庞然大物，它占地约170平方米（赶上一套大的三居室了），重达30吨。这是一台计算机！

按说在计算机史上，它只能算是“老二”，但因为“老大”干不了啥事，所以它被认为是世界上第一台真正意义上的计算机。它可以处理复杂的

程序和计算，计算速度比当时最快的机器还要快 1000 倍。3 年前，美国陆军为计算火炮的弹道，向宾夕法尼亚大学订购了一台计算机。随后宾夕法尼亚大学花费了 3 年时间以及约 50 万美元，造出了这么个大家伙。人家还有名字呢，叫 ENIAC，中文叫“埃尼亚克”，嚯嚯，听上去怎么像“爱你牙科”啊？

ENIAC 其实就是电子数字积分计算器。在这个挺长的名字里，数字啦，积分啦什么的，我们先不去管。“电子”二字从何而来呢？因为埃尼亚克里面装了 18 000 多个电子管，所以第一代计算机又叫作电子管计算机，简称电子计算机。

我们不知道，美国陆军对自己花费巨资购买的高科技新产品是否满意。不过可以想见，要把这个 30 吨的大家伙扛回去，真不是件很容易的事。不过，我们无须操心，美国陆军中有的是身强力壮的士兵，就算宾夕法尼亚大学不“包邮”，他们也能“自取”。可是难不成只有军队才能拥有计算机吗？能不能有小一些的计算机，既有 ENIAC 的计算速度，又没有那么大块头？

威廉·肖克利

磨磨叽叽？要的就是这个劲儿

有这种期待和设想的人很多，威廉·肖克利就是其中的一个。

肖克利出生在英国伦敦，很小的时候就和父母一起移居美国。1945年，著名的美国贝尔实验室确立了一个以半导体材料为主要内容的研究项目。刚刚加盟贝尔实验室不久的肖克利，在翌年成为攻克这个项目的固体物理研究组的组长。和他一起并肩作战的，有生于中国厦门，并很

约翰·巴丁

早就致力半导体的研究的布拉顿。还有出色的固体物理学家巴丁，巴丁在固体导电理论方面造诣深厚，是唯一一位在同一领域两次问鼎诺贝尔奖的物理学家。

半导体？这是什么情况呀？它到底是导电，还是不导电呀？

是有点儿纠结啊！比起完全不导电的绝缘体，它能让电通过一些；比起导电性能棒棒的那些导体，它能让电通过，又不那么痛快。半导体就是这么个磨磨叽叽、吞吞吐吐的性子。得嘞！科学家还就是看中它这股劲儿了。

对半导体的好奇和探索，可以追溯到19世纪。科学家研究不同温度下，半导体的导电能力的变化；研究金属和半导体内电子的行为特点；研究不同情况下，某种半导体里如果掺入其他杂质，它的导电本领会有何反应……哎？好好的，为什么要给半导体里掺杂质啊？杂质并不都是讨嫌无用的坏东西。掺杂是研究半导体的重要一招。通过掺杂，可以控制半导体的导电类型，使其变化多样利于应用。

当肖克利这个小组成立时，贝尔实验室通过长期富有远见的研究探索，已经能够制备出具有各种不同性能的高质量半导体，对半导体的研究也有了丰硕的积累。科技发展的车轮，一旦启动，就不会停下。

沃尔特·布拉顿

开启一个新时代

1947 年 12 月，肖克利、布拉顿和巴丁一起发明了一种叫作晶体管的电子元件。此后，他们又陆续设计发明出一个个新型的晶体管。发展日新月异、速度令人咂舌的电子工业，正是由这一个个小小的晶体管拉开序幕的。

什么是晶体管呢？晶体管包括二极管、三极管和场效应管。

二极管有两条“腿”，也就是两个极。二极管是个有个性的小家伙。对于想要从它身上经过的电流，它的态度是一个方向放行，另一个方向不许过！噢，这不就是电路界的“单行线”嘛。

三极管也身怀绝技，它的强项是放大，可以放大电信号。你应该想到，二极管有两条“腿”，三极管就应该有三条“腿”。每条“腿”就是一个电极。

无论是二极管，还是三极管，都是电路中不可缺少的元件，它们可以控制电路中电流的大小、方向，控制电路是断开的还是连通的，甚至还能让电路变得“聪明”起来：

（1）可以做计算，从 1×1 算到 9999×9999，当然，还远不止如此。

（2）还可以完成逻辑运算。比如说，我们只要插上电，按下一个电钮，电饭煲就开始煮饭。一旦饭煮熟了，电饭煲就会自动转换到保温模式，不再煮饭，只保温，维持一锅热腾腾的米饭，等我们来享用。饭煮熟了，负责煮饭的电路停止工作，随即负责保温的电路进入工作状态，背后坐镇指挥这一切的，就是所谓的逻辑运算电路。我们身边所有号称“智能”的电器，所有采用微电脑控制的电器，里面都少不了晶体管。

晶体管的作用与前面提到的电子管颇为相似，都是控制电路的基本元件。可是和电子管相比，晶体管体积更小、质量更轻、更省电，生产成本也比电子管要低很多。于是，我们就可以使用更多的晶体管来制造速度更快的计算机。

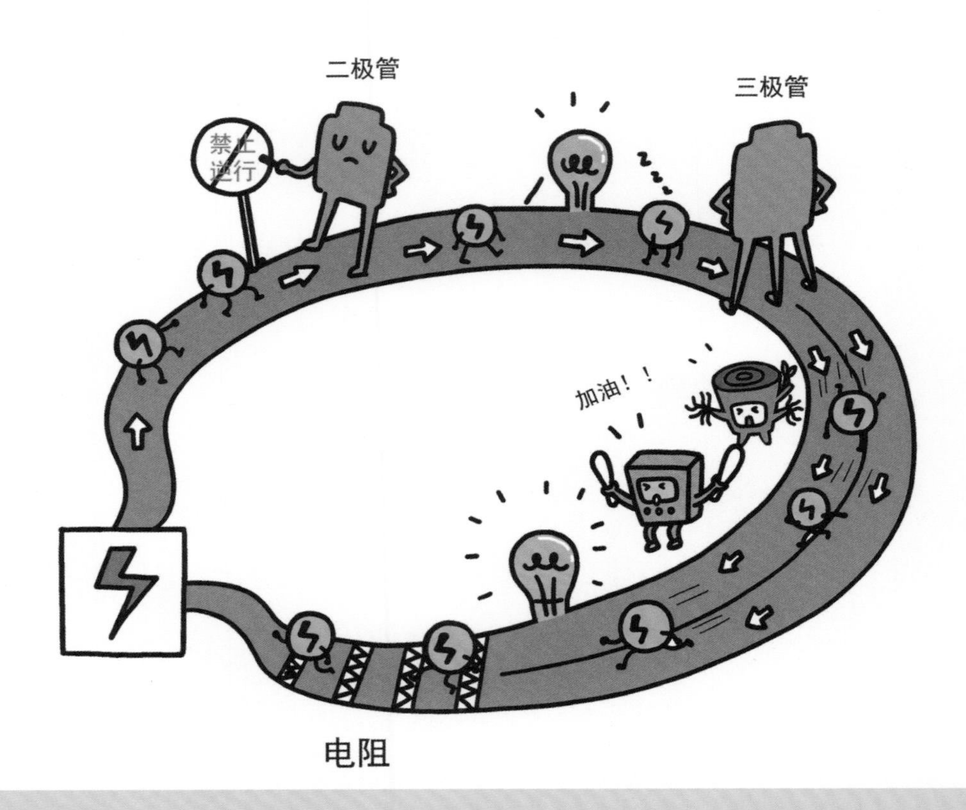

晶体管无疑是人类历史上最伟大的发明之一，是 20 世纪中叶科技领域最具划时代意义的产品，它的重要性足以和印刷术、汽车和电报等相媲美。它的诞生，极大地改变了世界的面貌，而且这种改变渗透在人类科学、技术、产业、文化以及生活的方方面面。肖克利、布拉顿和巴丁也因此共同获得 1956 年诺贝尔物理学奖。

来个套餐吧

有了晶体管，可以造出很多炫酷的新产品啦！

不过，需要很多很多的晶体管。

肖克利等人发明的晶体管是一种电路元件。当然，电路中除了晶体管，还有其他的元件，比如电容、电阻，需要亮灯的，还要有灯泡。越复杂的电子产品，所需要的元件就越多。而要把这些元件统统连接起来，还需要很多的电线。

可以想象，使用如此之多的元件和电线组装出来的电子产品，里面电路一定很复杂，而且产品的个头也相当可观。早期即便是最简单的收音机，也比现在的微波炉、烤箱还要大两圈儿。

那时的电子产品也不像现在的这么牢靠，而是很容易就坏掉一两个元件。坏了就修呗！

说起来简单，可你知道这么一大堆的元件中，到底是哪一个坏了呀？哪根电线接触不良？维修更换工作绝对是个让人抓狂的活儿！维修工人必须一个元件一个元件、一根电线一根电线地检查，才能发现毛病出在哪里——要疯要疯！

1958年，在美国德州仪器公司工作的杰克·基尔比制造出了世界上第一块集成电路。它由一个晶体管、三个电阻和一个电容组成。以现在的眼光来看，这块集成电路简陋至极，相当粗糙，然而它是一个伟大的创造。

集成电路就好比是一个个有各自功能的电路“套餐”。把不同的元件用电线连好，固定在一起，再封装一个外壳——这就是一个集成电路，它有特定的功能。用户无须购买单个的独立元件，只需将不同功能的集成电路组合拼接，就可以形成一个新产品。这样不但可以大大节约使用元件的个数，使得电子产品成功“瘦身”，降低成本，而且一旦发生故障，只要检查出是哪块集成电路出了问题，把它更换掉就可以了。多省事！至于恼人的接触不良？——再没那事了！

1959年，罗伯特·诺伊斯发明了另外一种集成电路，与基尔比的集成电路相比，诺伊斯的发明更加实用。他使用硅作为集成电路的基本材料。

硅是一种很常见的化学元素。也许你对这个名字感觉挺陌生，也不知道它长什么样子。哈哈！此时此刻，你正踩着它呢！水泥、地砖这些建筑材料里面就含有硅。要是你没在房间里而是在室外，地上的石头、沙子里也有硅。就算你跑到天涯海角，也逃不出硅的“手心”。地壳中硅的含量占地壳总质量的26.3%，硅是仅次于氧的第二大元素。在整个地球上，硅的含量占地球总质量的15%，是含量排名第三的化学元素。

硅是制造集成电路的首选材料，用它制造的集成电路性能优良、价格便宜，可以说，没有硅这种化学元素，就没有我们现在的数码产品。这也是“硅谷”名称的由来。

有了晶体管，有了集成电路，在随后的几十年里，科技的发展仿佛插上了翅膀，新产品层出不穷，发展速度令人惊叹。电子产品越来越小巧，

功能却越来越强大。现在打开任何一个电子产品，你很难在里面找到电线，因为所有的电子产品都采用“电路板＋芯片”的结构。无论是电路板，还是芯片，里面都有大量的集成电路，尤其是芯片，一块小小的芯片上，已经可以集成上亿个元件。

杰克·基尔比因发明了集成电路而获得2000年诺贝尔物理学奖。以对集成电路的贡献来说，罗伯特·诺伊斯也足以获得诺贝尔奖，不过遗憾的是，他在1990年死于心脏病，而诺贝尔奖一向只能颁发给活着的科学家。罗伯特·诺伊斯遗憾地与诺贝尔奖擦肩而过。

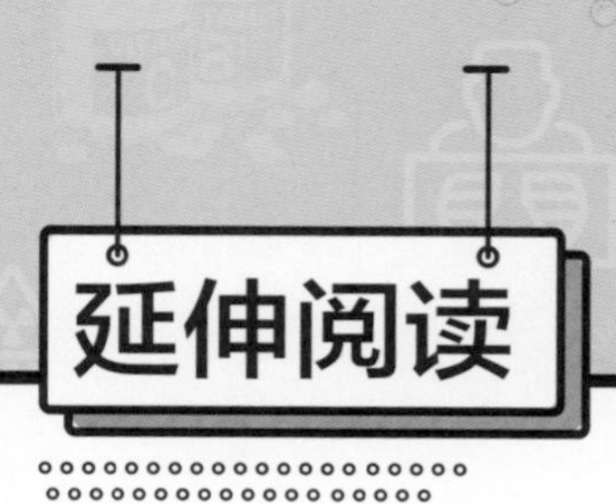

延伸阅读

❶ 威廉·肖克利（1910—1989），美国物理学家、发明家，因发明了晶体管而获得 1956 年诺贝尔物理学奖。

❷ 约翰·巴丁（1908—1991），美国物理学家，因发明晶体管而获得 1956 年诺贝尔物理学奖；因提出超导电性的 BCS 理论而获得 1972 年诺贝尔物理学奖。

❸ 沃尔特·布拉顿（1902—1987），美国物理学家，生于中国厦门，因发明晶体管而获得 1956 年诺贝尔物理学奖。

❹ 杰克·基尔比（1923—2005），美国物理学家、工程师，因发明集成电路而获得 2000 年诺贝尔物理学奖。

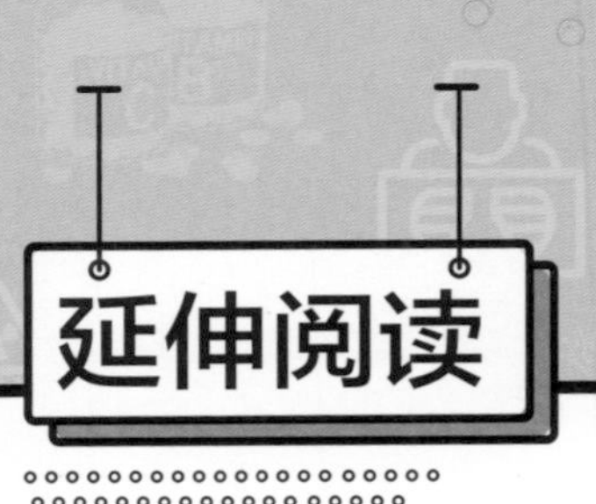

◆可以导电的物体叫导体，比如铜和铁。不可以导电的物体叫绝缘体，比如橡胶、木头。半导体是导电性能介于导体和绝缘体之间的一类物体，最常见的半导体是硅。

◆美国新泽西州茉莉山的贝尔实验室，可以说是一座发明的殿堂。自1925年创建以来，这里诞生了近30 000项专利，8个诺贝尔物理学奖和1个诺贝尔化学奖。晶体管诞生在这里，它催生了后来的计算机。UNIX操作系统在这里问世，它为互联网奠定了基础。C语言、蜂窝式移动电话、第一颗通信卫星……都是贝尔实验室的杰作，有人评价说：贝尔实验室一直在创造人类的未来。

◆罗伯特·诺伊斯（1927—1990），英特尔的创始人之一，被誉为“硅谷之父”。

第10章

LED：名副其实的科技之光

LED 的意思是发光二极管。

1962 年，尼克·何伦亚克发明了第一支发红光的二极管，被视为现代 LED 鼻祖。1965 年，红光 LED 成功商业化。20 世纪 70 年代早期，绿光、黄光、橙光 LED 相继问世。因为迟迟没有蓝光 LED，LED 就无法实现彩色显示，不能逼真还原缤纷世界。

为什么蓝光 LED 如此重要呢？

寻找新的光明

在上一篇，我们介绍过二极管。它是人类最早发明的半导体元件之一，也是我们现在最常用的电路元件。然而，在二极管被发明之初，没人想过它还会发光。人们给二极管找到发光发亮这个“第二职业”，经历了兜兜转转的一大圈。

19 世纪末，爱迪生发明了灯泡，正当人们喜气洋洋地打算欢送煤油灯和蜡烛“下岗”，准备迎接新式的电灯的时候，发现这新产品也没亮到哪里去啊，用了一段时间，哎？怎么不亮了？——原来爱迪生发明的电灯，发光效率比较低，灯泡的工作寿命也不长。因此，寻找更好的灯丝材料，成为当时很多科学家和电器公司的主要科研方向。

一方面，爱迪生以“神农尝百草”的精神，不厌其烦地试验各种材料，看哪种更适合做灯丝。另一方面，有一些科学家本着“打破砂锅问到底”的精神，追问物体究竟为什么会发光，探究光亮背后隐藏的终极奥秘，希望追本溯源，从源头上找到更好的光源。还记得前面讲过的贝克勒尔院士吗？——对，就是那位最先发现放射性现象的贝克勒尔院士。而他原本的目标，就是寻找新的发光材料。

二极管是如何发光的？

时间进入20世纪中叶，随着对发光原理研究的逐步深入，有人提出，只要材料合适，也许二极管也可以发光。

不会吧？他们研究发光原理太着魔了吧？都把主意打到“柔弱”的二极管身上了！

听上去有点儿离谱，其实科学家解释二极管的发光原理非常简单。

二极管，顾名思义，有两个“极”。图中的P和N就代表二极管的两个极，你可以理解为两个区域。当我们给二极管通电的时候，这两个极（区域）里电子的数量差异很大。一个极里有大量的电子，这些电子挤在一起，就像春运期间拥挤的火车车厢一样；而另一个极里空空荡荡，存在大量可以让电子停留的位置，科学家把这些位置称为“空穴”。你想象一下：如果一节车厢挤得要死，隔壁一节车厢座位都空着，谁不想冲到空着的那一节里去呀？电子当然不情愿这么挤着，部分电子就会跳到另一个极的空穴里。在这个过程中，电子会发“光”。这里的“光”

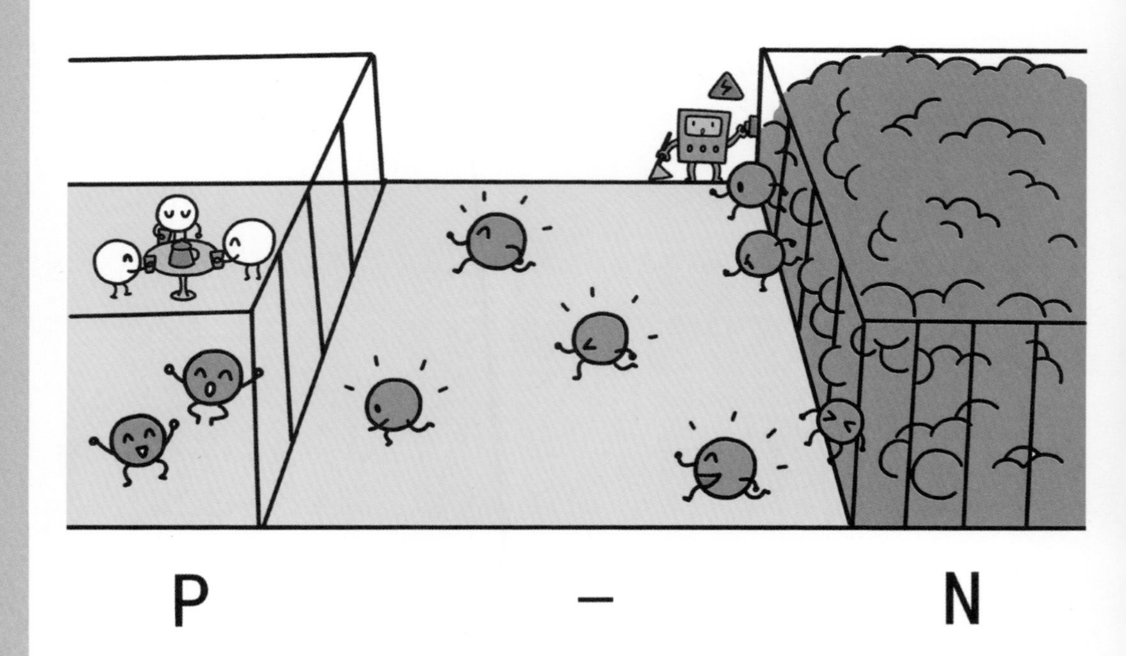

之所以要打引号，是因为在大部分情况下，这种“光”是我们的眼睛看不到的，也就是红外线。

我们的眼睛看不到红外线，但身体能感受到红外线。因为红外线有加热的本领，因此尽管收音机、电视、电脑等家用电器里都有大量的二极管，但在使用中，我们并没有看到它们熠熠发光，倒是很容易感受到它们稍微用久一点儿就发热。

要是这么说的话，只要找到某种特别的材料来做二极管，让其中的电子发出的不是红外线，而是可见光，那就可以看到二极管发光啦！

能发光的二极管，很好玩、很美，不是吗？有人立刻敏锐地意识到，它们还很能赚钱！所以这个猜想一经提出，立刻引起了全世界科学家和电器公司的兴趣。这个猜想预示的巨大商业价值，令这方面的投入巨大，研究进展神速。1962 年，美国通用电气公司的尼克 · 何伦亚克发明了世界上第一种可以应用的发光二极管，就是我们现在说的 LED。这个何伦亚克是何许人也？——正是发明晶体管那“三剑客”之一巴丁的学生，真是名师出高徒啊！

何伦亚克发明的是红光 LED。不久之后，绿光 LED 也被制造出来。正当人们满怀希望地憧憬用 LED 取代传统灯泡，照亮世界的时候，问题出现了！那就是发蓝光的 LED 怎么也造不出来。

蓝光 LED 有那么重要吗?

没蓝光就没蓝光呗！咱不能有什么颜色的LED，就用什么颜色吗？——对不起！没蓝光，还真不行！

17世纪，伟大的英国物理学家牛顿做过一个著名的分光实验。这个实验告诉我们：太阳光看起来是平淡无奇的一道白光，其实内藏玄机！它是由各种颜色的光混合在一起构成的。

牛顿还发现，只要将红、绿、蓝这三种颜色的光组合在一起，就可以搭配出各种不同颜色的光。这称为三原色原理。红、绿、蓝被叫作三原色。

凭什么红、绿、蓝这三种颜色这么特别？这是因为在我们人类的眼睛里，有三种能够感觉颜色的视锥细胞。这三种视锥细胞分别对红、绿、蓝三种颜色敏感。正是这三种细胞，让我们看到了五彩缤纷的世界。如果一个人的眼睛里缺乏某种视锥细胞，比如缺乏对红色敏感的视锥细胞，那么这个人就是红色色盲，他眼中的世界，和别人大大不同。

掌握了三原色原理，人工模拟自然界的各种颜色就变得十分简单了。无论是电视、电脑，包括你现在正在阅读的这本彩色印刷的图书，里面

各种缤纷绚丽的颜色，全都是通过三原色组合搭配出来的。

所以当红光 LED 和绿光 LED 被制造出来后，人们最想研制的就是蓝光 LED，这样三原色就齐全了。

然而事情又一次在离完美一步之遥的地方卡了壳。蓝光 LED 就是做不出来！和红光、绿光相比，蓝光所需要的能量更高，而当时已知的半导体材料都提供不了这么高的能量。当时科学家也找到了一些材料可以制造蓝光 LED，不过发光效率太低，也不稳定，很难用于商业开发。如何找到能够稳定发出蓝光的半导体材料，成了横在人们眼前的一道难题。

中村修二

这个众人翘首企盼的蓝光 LED 偏偏就是“千呼万唤不出来”！

直到 1993 年，几位日本科学家才解决了这个难题。他们利用氮化镓和铟氮化镓发明了稳定、具有商业价值的蓝光 LED。他们分别是日本工程学家赤崎勇、天野浩以及美籍日裔科学家中村修二。2014 年的诺贝尔物理学奖就颁发给了他们三人，以表彰他们发明了节能环保的高亮度蓝色发光二极管。

人类最初看到的光，来自太阳、星空、雷电。这些都是来自大自然的力量。现在，我们身边的光，除了自然光外，还有很多要归功于人的智慧：蜡烛、油灯、白炽灯、霓虹灯、节能灯……直到 LED，它无疑是人造光源领域的一场革命！ LED 耗能低、亮度高、寿命长，悄然点亮我们的生活，它是名副其实的科技之光。

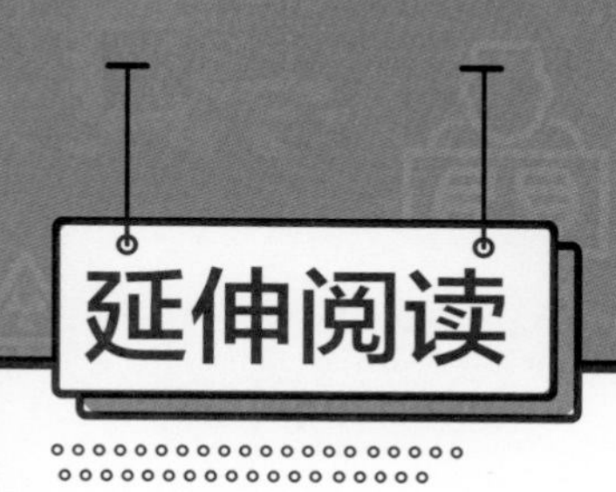

❶ 赤崎勇（1929—2021），日本工程学家、物理学家，因发明高亮度蓝色发光二极管而获得 2014 年诺贝尔物理学奖。

❷ 天野浩（1960—），日本工程学家，因发明高亮度蓝色发光二极管而获得 2014 年诺贝尔物理学奖。

❸ 中村修二（1954—），美籍日裔工程学家，因发明高亮度蓝色发光二极管而获得 2014 年诺贝尔物理学奖。

延伸阅读

◆托马斯·爱迪生（1847—1931），美国发明家、企业家。爱迪生在发明电灯的过程中，先后试验了1600多种材料。他曾获诺贝尔物理学奖和化学奖的提名，但未能摘得桂冠。

◆红外线理疗仪，利用红外线的加热本领工作，被它照射的身体部位很快就热乎乎的，可以缓解、治疗肌肉和软组织的疼痛。

第11章

光纤：我们会永远记得，但他已经不记得了

《大英百科全书》出版于18世纪的英国，是人类知识和智慧的总集，印刷了10万册所用的纸张排列起来，长度等于从地球到月亮距离的1.5倍。创立于2001年的维基百科拥有3124万词条，是《大英百科全书》的260倍！它不需要纸张，完全栖身于网络。

这仅仅是网络万花世界的冰山一角，而传输网上海量内容的大通道是什么？华裔科学家高锟在1966年提出了利用光纤传输电话信号的理论。光纤是什么？它能做什么？

光纤是什么？

“光纤”这个词，你一定听说过。可能你还听说过“光纤宽带”“光纤入户”。光纤悄然地延伸到你身边，把你带入网络，进到一个虚拟世界。

现在，互联网已经是我们生活的一部分了，我们通过网络获取信息，在网上聊天交友，在网上娱乐游戏，甚至还在网上订餐、订票、买衣服、做生意。这个异常丰富又充满未知的虚拟世界，极大地拓展了人们现实生活的疆土，开辟了无限可能。我们已经无法想象，离开了网络生活将会是什么样子。

然而光纤是什么？

光纤是光导纤维的简称。它是一根透明的玻璃丝或塑料丝，可以传输光，在传输光的同时，也传递了光所携带的信息。我们现在用的互联网，主要就是靠光纤进行信息传输的。

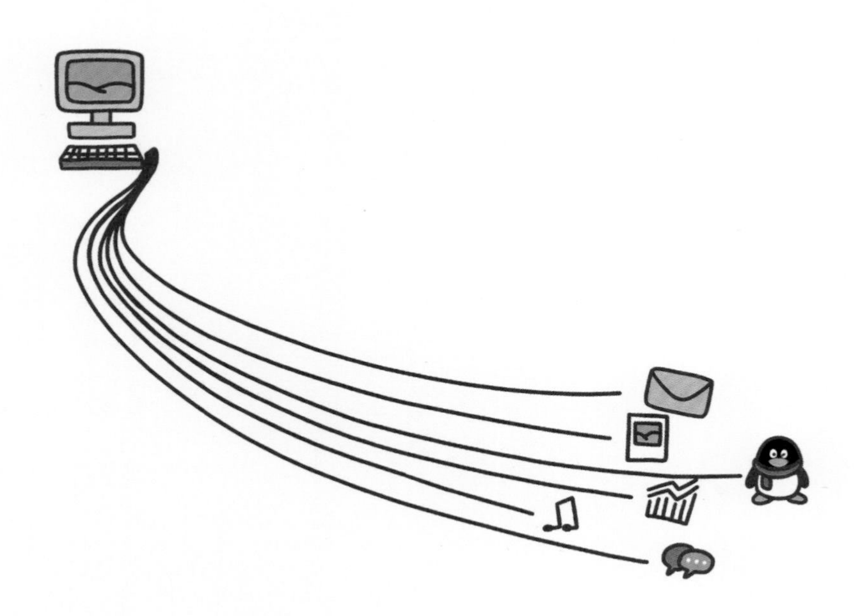

难以想象吧？门户网站上每天海量的新闻，数不胜数的高清影视内容，你在QQ窗口发一个龇牙的笑脸，片刻之后远方的朋友就回你一个“你好”……这一切竟然都是一根根细细的光纤传输的。

太脆弱了吧？太纤细了吧？太……它行吗？

行！光纤就是网络世界的信息大动脉，是邮件、照片、歌曲、视频浩浩荡荡、飞速奔驰的主干道。

光纤诞生以前

在光纤成为人类的信息高速公路的“基石”之前，最快捷、最有科技含量的通信方式是拜托电磁波帮我们“跑腿儿送信”。

“通信”通俗地说，就是传递信息。如果你觉得这件事有点儿抽象，看不见、摸不着，那么我们用传递实物——一个看得见、摸得着的过程来类比一下，就选马车运送货物的例子吧。衡量马车运送货物的好坏，要看三个指标：1. 送得快不快（速度）；2. 载货多不多（效率）；3. 运输好不好（质量）。假设一辆马车跑得倒是很快，装货也多，可就是送到地方后，一车货给损坏半车，那么这种方式铁定是要被淘汰掉的。

OK！下面我们用速度、效率、质量这三个指标来审视电磁波通信。

要用速度这个指标来衡量电磁波的话，那可是不偏不斜撞到枪口上了。电磁波以光速传播，“嘀嗒”一秒间就飞奔 30 万千米，是宇宙中速度最快的，没谁能跟它比。就冲这一点，找电磁波送信儿，靠谱！那么效率和质量呢?

用电磁波通信又可分为两种方式：无线和有线。我们分别来说，先说无线。

见没见过20世纪七八十年代的电视机？那时候的电视只能看大概8个频道的节目，后来有的地方可以看12个。现在的电视可以看几百个节目，要找个想看的节目，还真累手指头！怎么会有这种差距呢？原因是早期的电视信号是靠无线电波传播的，能传输的信号量少。如果你看过一些描写战争时期的电影，比如《永不消逝的电波》，就会纳闷：怎么总是在紧要关头，刚好就截获了敌人的一个无线电情报呢？哈哈，不是导演太强大，是无线电保密性就这么差。没有电线、电缆的束缚，无线电波几乎就是在所有接收设备的“眼皮”底下行走天地间。那么想要截获一打半打的信息，并不需要踏破铁鞋。既然能被截获，自然也容易与其他电磁场狭路相逢，这用专业术语叫“受干扰”。比如我们听收音机有时会有刺啦刺啦的声音，就是这个原因。

那么有线的呢？我们现在使用的固定电话、看的电视节目，都是利用了有线通信技术。尽管偶尔打电话的时候也会因受到了外界电磁场的干扰出现刺啦刺啦的声音，但是相比无线电通信，有线通信的抗干扰能力还是要强很多。你没见过拿着手机走过电视机，电视画面就扭曲吧？

这还都是小意思。就是天上的雷公电母放出大招——打个雷、劈个闪，一般情况下，电视里也照旧载歌载舞，岿然不动。可要说到效率，有线传输面对今天人们的通信需求，就显得力不从心。现在需要传输的信息可能是一台奥运会开幕式表演，向全球同步直播；一部电影大片，区区几分钟就下载到你的电脑；天南地北的人，同时在一个网络游戏上激战厮杀……有线传输，首先要有线，也就是电线或者电缆。电线和电缆里面要有铜。要传输这么海量的信息，满足这么高的速度要求，如果仅靠有线方式，全地球的铜都不够用。

来了个“固执”的高锟

高锟

1957年，作为全球通信业巨头的国际电话电报公司（ITT），迎来了一位黄皮肤的新员工。他叫高锟，刚从伦敦大学取得电机工程学士学位。3年后，高锟进入ITT设于英国的欧洲中央研究机构——标准通信实验室。在这个国际通信科技的圣殿里，他因为一项改变世界的发明而成为焦点。在世纪之交他和邓小平一起，入选“20世纪亚洲风云人物”。ITT更是为他发布过一张海报：静静的一片树林，身着衬衣系领带的高锟坐在树下悠闲地看书。海报下方有一行字：“我们给他提供资金和时间，让他缔造更美好的未来。”

1966年，高锟在一篇题为《光频率介质纤维表面波导》的论文中，提出了一个在当时看来惊世骇俗的设想：利用玻璃清澈、透明的性质，用光在其中传送信息。他当时的出发点是想改善传统的通信系统，提高传输信息的数量和速度。

最初对于这个设想，很多人都觉得异想天开，甚至认为高锟神经有问题。他们的理由是，喂！高先生，你不会不知道吧？玻璃看起来很透亮，其实里面总是有杂质的，根本达不到长途传输光信号的要求。你了不了解啊？

灵感的闪现，总是一瞬间的。然而，把灵感变成现实，无不需要跨越千山万水，历经千辛万苦。尽管高锟经过理论研究，充分论证了玻璃传输信息的可行性，可为寻找那种“没有杂质的玻璃”，他也费尽周折。为此，他亲自走访一家一家玻璃工厂，到过美国的贝尔实验室及日本、德国的研究所，跟很多人讨论玻璃的制法。那段时间，他听到最多的，不是鼓励和赞许，而是扑面而来的一波又一波的嘲笑和打击。每个人都坚定不移地告诉他：别想了！世界上并不存在没有杂质的玻璃。即便这样，高锟的信心也没有丝毫的动摇，他说：“所有的科学家都应该固执，都要觉得自己是对的，否则不会成功。”

终于，高锟成功了。

1970 年，美国的康宁公司生产出第一根可用于传输信息的玻璃光纤。1976 年，世界上第一条光纤通信系统在美国亚特兰大的地下管道中诞生。1980 年，第一条商用光纤通信系统问世。

现在，光纤已经无处不在，横贯太平洋海底的光缆，连接了北美和亚洲；而进入家家户户的光纤，则让我们足不出户就能感受世界各个角落的精彩与新鲜。

光纤好在哪里？

和传统的电线相比，光纤有巨大的优势。

首先是价格便宜、原料充足。生产电线需要铜，铜在地球上的储量不算少，然而并不是到处都有、拿来就能用的。要先从铜矿中开采并经过冶炼。这就注定了铜不能随便使、可劲儿用。

而生产光纤的原料是什么呢？——太接地气了，是沙子（二氧化硅）。光纤的主要成分和玻璃一样，都是二氧化硅。我们在第 9 章《晶体管和集成电路：没它们就没有电脑和手机》里讲过，硅是地球上含量位居第 3 位的化学元素，比铜多多了。在这些硅里，有很大一部分是以二氧化硅的形式存在的，其中最常见的就是沙滩上、沙漠里、沙丘中——要多少有多少的沙子。

在工厂里，人们把沙子、纯碱、石灰石等原料加热熔化，然后去除杂质，就生产出原始的玻璃。再用拉丝工艺把玻璃拉成丝，光纤就算做出来了。当然，这说的只是最简单的情况。在实际生产过程中，人们还会加入很多其他东西，保证光纤的透明度和信息传输质量。

光纤的另一大优点是“干活”好又多——传输信号量大，质量还好。传统通信是通过无线电磁波传输的，以无线电磁波中的VHF（英文very high frequency的缩写，意思是甚高频）频段为例，它只能传输约27套电视节目和几十套调频广播，如果要传输更多的电视或广播节目，就不可避免地要降低传输质量。这点儿事儿放在光纤那里不费吹灰之力。一条光纤可以传输上百万套电视节目，传输质量还特别好，抗干扰能力棒棒的！

除了上面的好处之外，光纤的优点还多着呢，比如质量轻、节能，还绿色环保。

我们会永远记得，但他已经不记得了

光纤是 20 世纪最重要的发明之一。一根头发般细小的光纤，其传输的信息量竟然等于一棵大树粗细的铜线所传输的量！这彻底改变了人类通信的模式。恐怕连高锟自己也始料未及，跨出他耕耘毕生的通信领域，光纤还在医学界立下赫赫功勋，开辟了除 X 射线、CT 扫描、核磁共振及

B超外，另一种探查身体内部的诊疗手段——内窥镜技术。医院里的胃镜、肠镜、鼻内镜、腹腔镜等，统称为内窥镜，它们把隐匿于身体内部的病情带至医生眼前时，完全不会在人体上留下痕迹或是仅开一个小创口。各种内窥镜里都有光纤。

光纤的发明人、被誉为“光纤之父”的华人科学家高锟，在发明光纤的时候，不是不清楚它令人兴奋的应用前景。然而和很多毕生潜心钻研的科学家一样，高锟淡泊名利，并没有拿自己的发明去申请专利。他说：“我没有后悔，也没有怨言，如果事事以金钱为重，我告诉你，今天一定不会有光纤的成果。”

高锟1933年出生于上海，从小就喜爱科学，曾经用红磷和氯酸钾为原料，自制泥丸炸弹并且爆炸成功，万幸的是，没有伤到人。他还自己用电子管组装过收音机。中学毕业后，高锟考入香港大学，后因为香港大学没有他心仪的专业，他又远赴英国学习机电工程。

2009年，高锟获得诺贝尔物理学奖。这时距离高锟那篇深刻影响人类生活的论文发表，已经过了43年。高锟罹患阿尔茨海默病多年，已于

2018年逝世。2006年记者采访他时，提到他40年前的论文，他还说："我真高兴，你们还记得。"而诺贝尔奖桂冠降临，他的夫人在记者采访时，和他逗趣地问："你是不是'光纤之父'啊？"他只茫然地喃喃自语："光纤之父，光纤之父……"

2009年12月10日下午4时，斯德哥尔摩音乐厅内庄严典雅，举世瞩目的诺贝尔奖颁奖仪式正在这里举行。高锟和美国科学家威拉德·博伊尔、乔治·史密斯一起荣获诺贝尔物理学奖。由于患病原因，高锟被免除了走到舞台中央并鞠躬三次的传统礼仪。瑞典国王卡尔十六世破例走到高锟面前，为他颁发金质奖章和证书。全场掌声雷动，乐队演奏着乐曲。舞台上摆放着一排花篮，里面绽放着从诺贝尔当年辞世的地方——意大利的圣雷莫空运来的百合花和唐菖蒲。我们不知道，当时当刻，高锟是否完全清楚眼前发生的一切意味着什么，但他依然保持着翩翩风度和优雅的笑容。就算他已经不记得自己的成就，我们会永远记得他的贡献。

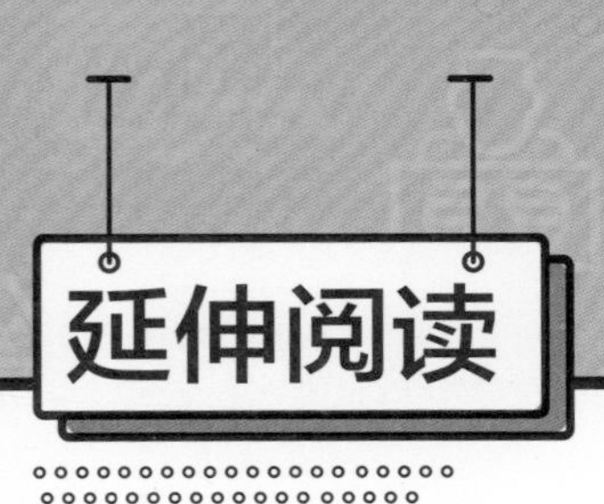

❶ 高锟（1933—2018），华裔光纤通信和机电工程专家，因光纤和在光通信中的开拓性成就而获得 2009 年诺贝尔物理学奖。

❷ 威拉德·博伊尔（1924—2011），美国物理学家，因发明半导体成像器件电荷耦合器件而获得 2009 年诺贝尔物理学奖。

❸ 乔治·史密斯（1930—），美国物理学家，因发明半导体成像器件电荷耦合器件而获得 2009 年诺贝尔物理学奖。

延伸阅读

◆电话线可以传递语音信息，有线电视的同轴电缆可以传递视频信息。电线里面是精制的铜丝。所谓电缆，就是好几根电线裹在一起。

◆意大利人马可尼发明的无线电报对 20 世纪影响深远。他解决了有线传输难以在大西洋两岸架设电缆的问题，一下子缩小了世界的距离。他因此获得 1909 年诺贝尔物理学奖。